Pythonと実データで遊んで学ぶ
データ分析講座

梅津雄一／中野貴広 著

■権利について

- 本書に記述されている社名・製品名などは、一般に各社の商標または登録商標です。
- 本書では™、©、®は割愛しています。

■本書の内容について

- 本書は著者・編集者が実際に操作した結果を慎重に検討し、著述・編集しています。ただし、本書の記述内容に関わる運用結果にまつわるあらゆる損害・障害につきましては、責任を負いませんのであらかじめご了承ください。
- 本書についての注意事項などを4〜6ページに記載しております。本書をご利用いただく前に必ずお読みください。
- 本書については2019年7月現在の情報を基に記載しています。

■サンプルについて

- 本書で紹介しているサンプルコードは、GitHubからダウンロードすることができます。詳しくは6ページを参照してください。
- サンプルコードの動作などについては、著者・編集者が慎重に確認しております。ただし、サンプルコードの運用結果にまつわるあらゆる損害・障害につきましては、責任を負いませんのであらかじめご了承ください。
- サンプルコードは、MITライセンスに基づき、利用・配布してください。

●本書の内容についてのお問い合わせについて

　この度はC&R研究所の書籍をお買いあげいただきましてありがとうございます。本書の内容に関するお問い合わせは、「書名」「該当するページ番号」「返信先」を必ず明記の上、C&R研究所のホームページ(http://www.c-r.com/)の右上の「お問い合わせ」をクリックし、専用フォームからお送りいただくか、FAXまたは郵送で次の宛先までお送りください。お電話でのお問い合わせや本書の内容とは直接的に関係のない事柄に関するご質問にはお答えできませんので、あらかじめご了承ください。

〒950-3122 新潟県新潟市北区西名目所4083-6　株式会社 C&R研究所　編集部
FAX 025-258-2801
『Pythonと実データで遊んで学ぶ データ分析講座』サポート係

PROLOGUE

「AI」「人工知能」「機械学習」という言葉は、いつしかバズワードとなり、一般の人たちの間でも、日常会話で使われるようになりました。ただ、日常で使われるものの、機械学習エンジニアやデータサイエンティストといった専門職の方を除き、多くの方は、「何だかよくわからないけどすごいもの」ぐらいの理解なのではないでしょうか。

本書は、AIや機械学習について、「何だかよくわからないけどすごいもの」という理解から、「ある程度、中身を知っていて使える」にアップデートしたい人（もしくは、アップデートしなければいけなくなってしまった人）に向けた、導入となる最初の1冊になることを目指しています。

世の中の入門書の多くは、理論と実践、どちらかにフォーカスを当てています。理論の本だけ読んでも、ではどうやって使えばいいのかわかりません。また逆に、実践の本だけ読んでも、何を自分がやっているのかわからないということが起こります。

本書では、理論と実践、両方を抑えています。まず、なるべく数式を使わずに、直感的な理解ができるように機械学習の理論について解説します。「遊んで学ぶ」というタイトルの通り、理論の勉強も楽しめるように、具体例や図を多く使っています。しかし、だからといって不正確にならないように繊細な注意を払いながら、ギリギリまで噛み砕いて説明を行っています。

その後、よく使われるデータセットではなく、「APIで自由に取得できる、さまざまな企業が提供しているデータ」「国が提供している統計データ」などの生のデータを使い、実際に分析を行います。

各入門書やWeb上の参考サイトの多くは、大体決まったデータセットを使って分析を行っています。しかし、そのようなデータだと、工夫できる範囲が限られてしまいます。本書は、実際にデータを取得するところからスタートすることで、「データの量を増やしたら結果はどうなるのだろう？」「このデータを可視化してみたらどうなるのだろう？」「変数を変えてみたらどうなるのだろう？」と、まるでデータを使って遊んでいるような感覚で理解が進むことを狙っています。

なお、データ分析を行うにあたり、多くの人は、RもしくはPythonというプログラミング言語を使います。どちらも、データ分析やデータ整形、そして可視化を行うのに有効なライブラリが多数存在しているため、非常に人気です。本書では、Pythonを用いて実装コードを記述しています。ただし、Rを使いたい人も進められるように、RとPython両方のコードを、下記のGithub上にて公開しています。ぜひ、参考にしてください。

URL https://github.com/Np-Ur/PythonBook

機械学習の分野は、多くの研究者により日々新しいアルゴリズムが提案され、また多くのエンジニアにより日々実装され、多くの人々の生活を豊かにしています。そんな広大な分野を目の前にしている皆様の、第一歩を少しでも支えることができれば幸いです。

2019年7月

梅津 雄一／中野 貴広

本書について

本書の構成

本書は、次の章から構成されています。
- CHAPTER 01：Pythonの導入
- CHAPTER 02：Pythonを使ったデータ処理
- CHAPTER 03：教師あり〜回帰〜
- CHAPTER 04：教師あり〜分類〜
- CHAPTER 05：教師なし
- CHAPTER 06：評価指標
- CHAPTER 07：ニューラルネットワーク
- CHAPTER 08：その他の手法
- APPENDIX：本編で省略した事項について

CHAPTER 01では、そもそもPythonを使ったことがないという方に向けて、導入方法を説明します。Anacondaというプラットフォームによるローカル PC上にPython環境を構築する方法や、Google ColaboratoryというGoogleアカウントさえあれば誰でもブラウザ上でPythonを使うことができる方法を紹介します。また、Pythonの基本的な使い方やライブラリのインストール方法も解説しているので、Python初心者の方でも十分読み進めることができます。

CHAPTER 02では、Pythonでよく用いられるデータ処理の方法を紹介します。numpyやpandasといった前処理に非常に便利なライブラリ、matplotlibという可視化に便利なライブラリ、そして分析時によく用いられるsklearnやkerasライブラリの使用方法を解説します。

CHAPTER 02までで、データ分析に関わる一連フローをざっくりと理解できていることを目指します。

CHAPTER 03以降で、データを分析する際の、具体的な手法について学び始めます。

機械学習では、手法を次の3つに分けることが多いです。
- 教師あり学習
  - 回帰
  - 分類
- 教師なし学習

CHAPTER 03からCHAPTER 05まででそれらを学びます。

CHAPTER 03では、教師あり学習の、「回帰」について紹介します。回帰の中で、代表的な手法である線形回帰と、少し発展させたラッソ回帰・リッジ回帰について学びます。また、理論を学んだあと、実践編として不動産価格の推定を行ってみます。国土交通省提供の、不動産取引価格情報取得APIを用いて、データを集めます。

CHAPTER 04では、教師あり学習の、「分類」について紹介します。分類の中で、ロジスティック回帰・決定木・ランダムフォレストという手法について学びます。また、理論を学んだあと、実践編としてTwitterデータの分類を行ってみます。数値データではなくテキストを用いるため、テキストマイニングの手法についても少し触れます。

CHAPTER 05では、教師なし学習と呼ばれる手法について紹介します。代表的な、主成分分析・kmeansについて学びます。また、理論を学んだあと、実践編として、都道府県別の家計調査データを使って分析と可視化をしてみます。

CHAPTER 06では、機械学習の分野でよく用いられる評価指標について紹介します。回帰でよく使われる指標、分類でよく使われる指標をそれぞれ学んだあと、実践編として、CHAPTER 03とCHAPTER 04の解析結果をもう少し深掘りしてみます。

CHAPTER 07では、ニューラルネットワークについて紹介します。基本となるニューラルネットワークと、画像を用いた分析時によく使われる畳み込みニューラルネットについて学びます。また、理論について学んだあと、実践編として、お寺と神社の画像分類を行ってみます。

CHAPTER 08では、CHAPTER 07までで紹介できなかったその他の手法について紹介します。word2vec・協調フィルタリングについて学びます。

最後のAPPENDIXでは、CHAPTER 01 〜 08までで、説明を簡単にするためにスキップした事項について、改めて解説を行っています。

対象読者について

本書は、主に次の方に向けて構成されています。

- これから機械学習の勉強を始めたい人
- 「AI」や「人工知能」というワードはよく聞くけど、具体的に自分で動かしてみたい人
- 突然、データ分析に関わるプロジェクトのマネージャーや営業を任せられた人

CHAPTER 01とCHAPTER 02で、Pythonの基本的な関数については押さえ、CHAPTER 03からCHAPTER 05までで、機械学習の基礎となる、教師あり学習・教師なし学習について学びつつ、実践として解析を行います。CHAPTER 06では、評価指標について、そしてCHAPTER 07とCHAPTER 08ではニューラルネットワークなどの発展した内容を学びつつ、同様に実際に解析をしてみます。本書を読むことで、データ分析についての最低限の理解と、学習から予測、評価までの一連の流れを習得することができます。

対象外の内容

各手法について、直感的な理解ができるように説明を行っていますが、数式を用いた深い解説までは踏み込んでいません。これから、機械学習エンジニアやデータサイエンティストとして仕事をしていきたいと考える人は、本書の最後に掲載している参考文献をぜひ読んでみてください。本書を読んだ後であれば、ある程度、スムーズに読み進められるはずです。

▌動作環境について

本書では、次の環境を対象としています。
- Python 3.6.8

▌本書に記載したソースコードの中の▼について

本書に記載したサンプルプログラムは、誌面の都合上、1つのサンプルプログラムがページをまたがって記載されていることがあります。その場合は▼の記号で、1つのコードであることを表しています。

▌サンプルについて

本書で解説しているソースコードは、すべて下記のページにて閲覧することができます。

URL　https://github.com/Np-Ur/PythonBook

CONTENTS

■CHAPTER 01

Pythonの導入

- □□1 Pythonとは ……………………………………………………………… 12
- □□2 開発環境の構築について …………………………………………… 13
  - ▶ローカルにAnacondaを使って環境構築 ……………………………13
  - ▶Google Colaboratoryで環境構築……………………………………16
- □□3 Pythonの基本的な使い方 …………………………………………… 24
  - ▶算術演算 …………………………………………………………………24
  - ▶比較演算子 ………………………………………………………………25
  - ▶データ型 …………………………………………………………………25
  - ▶リスト……………………………………………………………………26
  - ▶タプル ……………………………………………………………………27
  - ▶辞書 ………………………………………………………………………28
  - ▶条件文 ……………………………………………………………………29
  - ▶関数の定義 ………………………………………………………………30
  - ▶ループ処理 ………………………………………………………………30
  - ▶リスト内包表記…………………………………………………………31

■CHAPTER 02

Pythonを使ったデータ処理

- □□4 ライブラリのインストール方法 …………………………………… 34
- □□5 Numpyライブラリの使い方 ………………………………………… 35
  - ▶numpy基礎 ………………………………………………………………35
  - ▶要素へのアクセス ………………………………………………………36
  - ▶演算 ………………………………………………………………………36
  - ▶いろいろな初期化 ………………………………………………………38
- □□6 Pandasの使い方……………………………………………………… 39
  - ▶Series ……………………………………………………………………39
  - ▶DataFrame ………………………………………………………………40
  - ▶便利なメソッド …………………………………………………………42
  - ▶データの読み込み ………………………………………………………44
- □□7 Pythonの可視化ライブラリ ………………………………………… 45
  - ▶ヒストグラム……………………………………………………………46
  - ▶散布図 ……………………………………………………………………47
  - ▶折れ線グラフ……………………………………………………………48
  - ▶その他 ……………………………………………………………………49
- □□8 データ分析の流れ…………………………………………………… 51
  - ▶データを集める …………………………………………………………51
  - ▶前処理（データ整形） ……………………………………………………52

CONTENTS

- ▶分析 ……………………………………………………………… 54
- ▶評価方法 ………………………………………………………… 54
- ▶考察 ……………………………………………………………… 55

■CHAPTER 03

教師あり～回帰～

□□9　線形回帰………………………………………………… 58
- ▶回帰分析 ………………………………………………………… 58
- ▶線形回帰分析のイメージ ……………………………………… 58
- ▶重回帰分析のイメージ ………………………………………… 60
- ▶パラメータの導出 ……………………………………………… 64
- ▶連続値ではない変数 …………………………………………… 68
- ▶実践編1(ボストン市内の地域別住宅価格データ) …………… 69
- ▶実践編2(東京都の不動産価格データ) ………………………… 79

□1□　リッジ回帰・ラッソ回帰 ……………………………… 100
- ▶過学習 …………………………………………………………… 100
- ▶ラッソ回帰 ……………………………………………………… 106
- ▶リッジ回帰 ……………………………………………………… 106
- ▶ラッソ回帰とリッジ回帰の効果 ……………………………… 107
- ▶実践編1(ボストン市内の地域別住宅価格データ) …………… 111
- ▶実践編2(東京都の不動産価格データ) ………………………… 115

■CHAPTER 04

教師あり～分類～

□11　ロジスティック回帰 …………………………………… 122
- ▶分類とは ………………………………………………………… 122
- ▶線形回帰で解こうとしてみる ………………………………… 122
- ▶ロジスティック回帰 …………………………………………… 124
- ▶実践編1(irisデータ) …………………………………………… 129
- ▶実践編2(Tweetデータ) ………………………………………… 137

□12　決定木……………………………………………………… 144
- ▶決定木とは ……………………………………………………… 144
- ▶不純度の考え方 ………………………………………………… 146
- ▶決定木と剪定 …………………………………………………… 149
- ▶実践編1(irisデータ) …………………………………………… 152
- ▶実践編2(Tweetデータ) ………………………………………… 154

□13　ランダムフォレスト …………………………………… 157
- ▶バギングとは …………………………………………………… 157
- ▶ランダムフォレスト …………………………………………… 158
- ▶実践編1(irisデータ) …………………………………………… 160
- ▶実践編2(ツイートデータ) ……………………………………… 162

CHAPTER 05

教師なし

- □14 主成分分析 ·· 166
  - ▶「情報の量」と分散 ··· 166
  - ▶ 分散を大きく圧縮する ·· 168
  - ▶ 実践編1（irisデータ） ·· 175
  - ▶ 実践編2（都道府県ごとの家計調査データ） ········ 178
- □15 K平均法 ··· 187
  - ▶ クラスタリング ·· 187
  - ▶ K平均法 ·· 188
  - ▶ 実践編1（irisデータ） ·· 191
  - ▶ 実践編2（都道府県ごとの家計調査データ） ········ 195

CHAPTER 06

評価指標

- □16 回帰における評価指標 ··· 200
  - ▶ RMSE ··· 200
  - ▶ MAE ··· 201
  - ▶ RMSLE ·· 201
  - ▶ RMSE・MAEを比較 ··· 202
  - ▶ RMSE・RMSLEを比較 ····································· 204
  - ▶ 実践編 ··· 205
- □17 分類における評価指標 ··· 208
  - ▶ 正解率 ··· 208
  - ▶ なぜ不均衡なクラスでの正解率評価が問題か？ ··· 209
  - ▶ 偽陽性率と真陽性率 ··· 209
  - ▶ ROC曲線とは ··· 210
  - ▶ ROC曲線をプロット ·· 213
  - ▶ AUCの考え方 ··· 214
  - ▶ 実践編 ··· 215

CHAPTER 07

ニューラルネットワーク

- □18 ニューラルネットワーク ······································ 218
  - ▶ 概要 ·· 218
  - ▶ シンプルな例 ··· 219
  - ▶ 活性化関数と損失関数 ······································ 221
  - ▶ 中間層を追加したニューラルネットワーク ······ 225
  - ▶ 行列による、重みの表現 ·································· 226

CONTENTS

- ▶実践編1（mnistデータ） ………………………………………… 230
- ▶実践編2（寺と神社の画像データ） ……………………………… 235

□19　畳み込みニューラルネットワーク ……………………………… 240
- ▶通常のネットワークで画像分類 ………………………………… 240
- ▶畳み込み層 ………………………………………………………… 242
- ▶プーリング層 ……………………………………………………… 249
- ▶実践編1（mnistデータ） ………………………………………… 250
- ▶実践編2（お寺と神社のデータ） ………………………………… 252

■CHAPTER 08

その他の手法

□20　word2vec ……………………………………………………………… 256
- ▶word2vecとは …………………………………………………… 256
- ▶単語ベクトルを作るために必要なフェイクタスク ………… 257
- ▶入力層・中間層・出力層のみのニューラルネットワーク … 258
- ▶入力データと教師データと重み行列 ………………………… 259
- ▶フェイクタスクの結果と単語ベクトルの関係性 …………… 261
- ▶実践編 …………………………………………………………… 264

□21　協調フィルタリング ……………………………………………… 269
- ▶レコメンドとは ………………………………………………… 269
- ▶協調フィルタリング …………………………………………… 269
- ▶ユーザーベース型協調フィルタリング ……………………… 270
- ▶協調フィルタリングの欠点 …………………………………… 273
- ▶実践編 …………………………………………………………… 274

■APPENDIX

本編で省略した事項について

□22　最小二乗法 …………………………………………………………… 280
□23　シグモイド関数 …………………………………………………… 282
□24　ロジスティック回帰の損失関数 …………………………… 283

●索引 ……………………………………………………………………… 285

CHAPTER 01
Pythonの導入

　本章では、機械学習や統計分析をするための、Python環境構築について紹介します。また、Pythonの基本的な記法についても触れていきます。
　これから機械学習を始めていきたいという方向けの内容のため、すでに環境構築が済んでいる方は読み飛ばしてください。

SECTION-001

Pythonとは

　Pythonは、データ解析の分野でよく使われているプログラミング言語の1つです。特徴として、文法が簡単で初学者への敷居が低く、また可読性が高いということが挙げられます。

　また、Pythonは機械学習用のライブラリが大変豊富というメリットがあります。Pythonにはscikit-learnという多種多様な機械学習を行うためのパッケージがあるため、それを活用するだけでさまざまな分析モデルを簡単に作ることが可能です。Deep Learningを実践する際は、tensorflowやkerasといった専用のライブラリがあり、それらも簡単に利用することができます。他にも、NumpyやSympyといった数値計算に特化したライブラリも多く存在します。

　なお、Pythonには、今現在2.x系と3.x系の2つのバージョンがありますが、この本では基本的にPython3.x系で動かすことを前提にしています。

SECTION-002

開発環境の構築について

　本節では、機械学習や統計分析を行うためのPython環境構築について説明していきます。ローカル環境での構築方法、そしてGoogle Colaboratoryというクラウド環境を使用する方法について紹介します。

　Google Colaboratoryは、Googleアカウントさえあればとても簡単に構築できます。そのため、試しに実践してみるという用途においては、Google Colaboratoryを推奨します。こだわりがなければ16ページに進んで、Google Colaboratory の導入方法に進んでください。

■ ローカルにAnacondaを使って環境構築

　Anacondaとは、Pythonでデータ分析をする上で必要なパッケージをまとめてくれているディストリビューションです。Anacondaを入れることによって、数値計算やデータ整形に必要なnumpyやpandas、機械学習をする際に必要になるscikit-learnといったライブラリを簡単に使用することができます。

　個別にそれぞれのライブラリをインストールして環境を整えることもできますが、パッケージ間のバージョン違いでエラーが出たりと、何かとうまくいかないケースがあります。Anacondaを利用すると、そういった苦労をすることなく手早くデータ分析環境を整えることができます。

　Anacondaの導入方法についていくつかありますが、たとえば、下記のAnacondaの公式サイトから自分のOSに合ったインストーラーを選択してダウンロードすることもできますし、pyenvというPythonのバージョン管理ツールを使ってインストールすることもできます。

　URL　https://www.anaconda.com/download

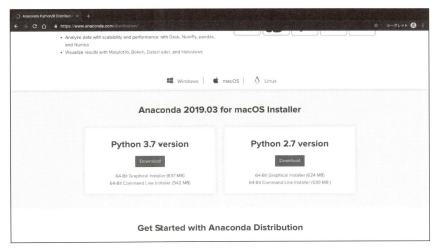

SECTION-002 ■ 開発環境の構築について

　ここでは、一例として、macOS向けに、pyenvを使った環境構築方法について紹介していきます。macOSではHomebrewを使ってpyenvをインストールすることができます。ターミナルを起動し、下記のコマンドを実行します。

```
$ brew install pyenv
```

　インストールできたら、`~/.bash_profile`に下記内容を追加してパスを通します。

```
PYENV_ROOT=~/.pyenv
export PATH=$PATH:$PYENV_ROOT/bin
eval "$(pyenv init -)"
```

　次にpyenvを使ってanacondaをインストールしていきます。

```
$ pyenv install --list
```

　上記コマンドで、インストール可能なPythonのバージョン一覧を見ることが可能です。
　この中にanacondaが含まれているので、最新のバージョンのものをインストールしましょう。

```
$ pyenv install anaconda3-2019.03
```

　インストールしたものは、下記のコマンドで確認することができます。

```
$ pyenv versions
* system (set by /Users/user_name/.pyenv/version)
  anaconda3-2019.03
```

　defaultでは、systemに `*` が位置していますが、versionを切り替える際は、下記のコマンドで切り替えることができます。

```
pyenv global anaconda3-2019.03
```

　試しにPythonコマンドを入力して下記のようになっていれば成功です。

```
$ python
Python 3.7.3 (default, Mar 27 2019, 16:54:48)
[Clang 4.0.1 (tags/RELEASE_401/final)] :: Anaconda, Inc. on darwin
Type "help", "copyright", "credits" or "license" for more information.
>>>
```

　Anacondaの導入ができたら、Jupyter Notebookを起動してみましょう。Jupyter NotebookはブラウザでPythonを動かすためのツールになります。起動するために次のコマンドを入力してみましょう。

```
$ jupyter notebook
```

すると、ブラウザが立ち上がり、次のような画面が表示されます。
画面右上にある「New」ボタンをクリックして、「Python 3」を選択してみましょう。

すると、次のような画面が立ち上がります。

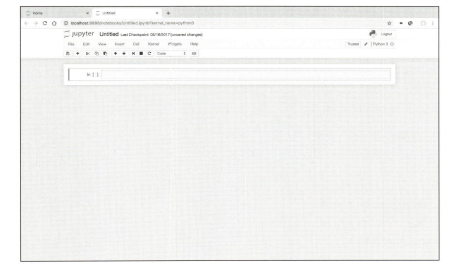

このセルにPythonのコードを記述することができ、セル単位で実行することが可能です。実行するには、実行したいセルを選択して**shift + enter**を押します。

このように、Jupyter Notebookではインタラクティブにコードを書いて実行というサイクルを繰り返すことができるため、試行錯誤しながらコーディングしていくことが可能です。データ分析をする上で大変便利なツールですので、ぜひ活用してみましょう。

次項では、Jupyter Notebookのようにブラウザ上でPythonを動かすことができる、もう1つのツールを紹介します。

Google Colaboratoryで環境構築

ここでは、Google Colaboratoryの基本的な使い方について紹介します。

Google Colaboratoryは、Googleが提供しているサービスで、Googleアカウントを持っていれば、誰でも簡単に機械学習やDeep Learningを始めることができます。

▶ Google Colaboratoryのメリット・デメリット

Google Colaboratoryを使う前に、使用する上でのメリット・デメリットについて簡単に紹介しておきます。

まず、Google Colaboratoryを使うメリットは、主に次の3点です。

1. 環境構築が必要ない
2. Jupyter Notebookのような操作性
3. GPUが使える

まず、1に関しては、先ほどのようにローカルに環境構築する際は、まずPythonをインストールしたり、必要な機械学習パッケージを自前で揃える必要がありますが、初学者にとって少しハードルが高く、ライブラリのバージョンの依存関係などで、動かせないなどのトラブルがつきものです。また、自分のPCの環境が上手に管理してあげないとだんだんと汚れていってしまいます。

■ SECTION-002 ■ 開発環境の構築について

　Google Colaboratoryは、機械学習やDeep Learningに必要なパッケージはある程度、すでにインストールされているため、すぐに利用することが可能です。もちろん、必要なパッケージがあれば個別にインストールすることも可能です。その方法に関しては後ほど紹介します。

　❷に関して、Google Colaboratoryでは、Jupyter Notebookとほぼ同等の機能を使うことができます。Jupyter Notebookとは、各プログラムの実行結果を確認しながら解析を進めたり、メモを作成して後から振り返りやすくすることができる、データ分析をする上で非常に使い勝手の良いツールです。

　❸が一番のメリットかもしれません。主にDeep Learningをする際に、GPUを使うことで、学習時間を大幅に短縮することができます。自前でGPU環境のあるPCを用意したり、AWS（Amazon Web Services）やGCP（Google Cloud Platform）などのクラウドサービスでGPU環境を用意するのは、とてもコストがかかります。それに対し、Google Colaboratoryは、**無料**でGPU環境を使用することができます。

　デメリットついては、主に次の3点です。
❶ 連続で12時間までしか使えない
❷ データの読み込み方が少し特殊
❸ サービスが停止すれば使えなくなる

　Google Colaboratoryには12時間までしかインスタンスを立てられない他に、セッションが切れてから90分以上経つと、インスタンスが落とされる仕様になってるため、そもそも重い処理を長時間かけて回す、学習させるといったことには向いていません。

　たとえば、データサイズが大きくなったり、機械学習モデルが複雑になればなるほど、処理時間は比例して大きくなるため、注意が必要です。

　データの読み込み方については、このあと手順を紹介しますが、慣れれば特に支障はないです。最後に、ある日、突然Googleがサービスを停止することは可能性としてなくはないので、注意してください。

　現状では、デメリットを補うだけのメリットがあるため、繰り返しになりますが、Google Colaboratoryを使うことを推奨します。

■SECTION-002 ■ 開発環境の構築について

▶ Google Colaboratoryの起動方法

　Googleアカウントにログインし、Google Driveを起動して、新規ボタンをクリックします。

　次のように、「その他」→「Colaboratory」と表示されるので、こちらをクリックして立ち上げてみましょう。

※Colaboratoryが表示されない方は、「アプリを追加」という部分からColaboratoryを追加してください。

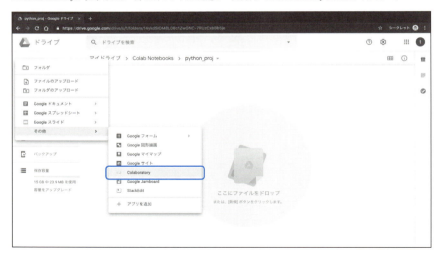

クリックして立ち上げると、次のような画面が出てきます。前述した通り、Jupyter Notebookとほとんど同じ要領で、画面のセルの部分にコードを書いていき、インタラクティブに実行していくことができます。

試しに動かしてみましょう。次のようにセルに入力し、実行してみましょう。**shift + enter**でセル内のコードを実行できます。もしくはセルの左側に表示されている、実行ボタンを押すことでも可能です。

```
3 ** 3
```

きちんとセル内の処理が実行されていることがわかります。

ここで補足ですが、GoogleスプレッドシートやGoogleドキュメントと同じように、Google Colaboratoryも他の人に共有することが可能です。Google Colaboratoryの画面右上に共有ボタンがあるので、コードを共有したい場合は活用してみてください。

▶Linuxコマンド

　Linuxコマンドを使用する場合は、セル上で、`!` をつけることで実行することができます。試しに、何のライブラリが入っているのか確認してみます。

```
!pip freeze
```

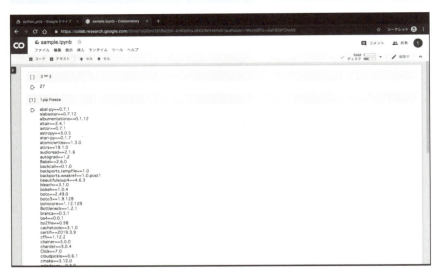

　一通りライブラリが入っていることが確認できます。

　使いたいライブラリが入っていない場合、下記のように `pip` コマンドを使用して、自分で新しいライブラリを追加することができます。

```
!pip install simplejson
```

　ここで注意点ですが、セッションが終了すると初期状態にリセットされるため、インストールしたライブラリもすべて消えてしまいます。したがって、また必要になったら再度インストールす必要があります。

▶GPUの選択

GPUを使う設定も簡単に行うことができます。下記のように、「ランタイム」タブを開いて、「ランタイムのタイプを変更」をクリックします。

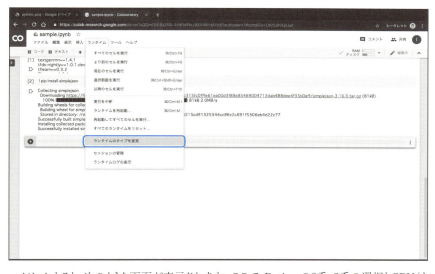

クリックすると、次のような画面が表示されます。ここで、Pythonの2系、3系の選択とGPU（もしくはTPU）を使うかどうかを指定することができます。

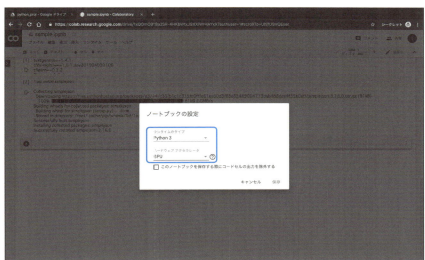

これで設定は完了です。Deep Learningを行う際は、GPUとCPUで学習時間が大きく異なるため、ぜひ活用しましょう。

■ SECTION-002 ■ 開発環境の構築について

▶ ファイルのインポート方法

最後にファイルの読み込み方法について紹介します。ここでは、ローカル上のファイルの読み込み方と、Google Drive上のファイルの読み込み方、2通りの方法を紹介していきます。

● ローカル上のファイルの読み込み

Colaboratoryの画面左にある「>」アイコンを選択します。

その中の「ファイル」タブを開くと、「アップロード」というボタンがあるので、このボタンをクリックすればローカルのファイルをアップロードすることができます。

ファイルのアップロードができたら、次のようにデータを読み込むことができます。

```
import pandas as pd
df = pd.read_csv('data_weather.csv')
```

読み込みたいファイルが少数の場合は、上記の方法でファイルを読み込んでも構いませんが、たとえば、大量の画像データを読み込みたい場合などはとても面倒です。

そのような場合は、次で紹介するGoogle Drive上のファイルを読み込む方法を試してみましょう。

● Google Drive上のファイルの読み込み

先ほどのファイルアップロード時と同様に、Colaboratory画面左側の「>」アイコンを選択し、「ファイル」タブを開きましょう。「アップロード」ボタンの隣に「ドライブをマウント」というボタンがあるので、そのボタンを選択します。

すると下図のように、自動でコードがセルに貼られるので、そのコードを実行するだけです。

実行すると、アカウント認証のためのURLが表示されるので、マウントしたいGoogle Driveのアカウントを選択し、アクセスコードを入力しましょう。

マウントがうまくいけば、下図のように、ディレクトリに「drive/My Drive」が追加されているはずです。

たとえば、Google Driveに `test.csv` というファイルを保存したとしたら、下記のようにパスを指定してデータを読み込むことができます。

```
df = pd.read_csv('./drive/My Drive/test.csv')
```

2通りのファイルアップロード方法の紹介をしましたが、どちらも簡単にできるので用途に合わせて使い分けてください。

ここまででGoogle Colaboratoryの基本的な使い方についての説明は終わりです。ライブラリのインストール方法、GPUの選択、ファイルの読み込み方法の3点を押さえておけば、ひとまず分析するのには困らないはずです。

より詳細な使い方については下記の公式チュートリアルを参考にしてみてください。

URL https://colab.research.google.com/notebooks/welcome.ipynb?hl=ja#scrollTo=xitplqMNk_Hc

SECTION-003
Pythonの基本的な使い方

　本節ではPythonの基本的な使い方について紹介していきます。具体的には、演算の仕方、リストや辞書の使い方、関数の定義、ループ処理、条件処理といった部分です。

算術演算

　まずは、Pythonでの演算方法についての紹介です。基本的な演算と演算子の対応を下表にまとめました。

演算	記法
加算	+
減算	-
乗算	*
除算	/
aをbで割ったときの余り	a ％ b
累乗	**
切り捨て除算	a // b

```
# 加算
1 + 2
```

◉実行結果

```
3
```

```
# 累乗
3 ** 3
```

◉実行結果

```
27
```

```
# 切り捨て除算
18 // 5
```

◉実行結果

```
3
```

比較演算子

比較演算子は、2つの値を比較する際に使用します。

演算	記法
大なり	>
以上	>=
小なり	<
以下	<=
等しい	==
等しくない	!=

比較した結果、条件を満たしている場合は `True` 、満たしていない場合は `False` を返します。

これらの `True` 、`False` はブール（bool）型と呼ばれる型を持った値です。

```
2 > 1
```

◉実行結果
```
True
```

```
2 != 2
```

◉実行結果
```
False
```

データ型

プログラミングで扱う値には型が存在しており、代表的なものに、整数（int）、浮動小数点（float）、文字列（string）などがあります。

型は、`type()` を使うことで確認できます。

```
# 整数
var1 = 1
type(var1)
```

◉実行結果
```
int
```

```
# 実数
var2 = 1.56
type(var2)
```

◉実行結果
```
float
```

■ SECTION-003 ■ Pythonの基本的な使い方

```python
# 文字列
var3 = '文字列'
type(var3)
```

●実行結果
```
string
```

また、上記のように、**変数名 = 値** という形で、変数に値を保存することが可能です。

文字列として扱う場合は、値をクォーテーション（ **'** ）、もしくはダブルクォーテーション（ **"** ）で囲む必要があります。

上記の例以外にも、Pythonには複数の値を保存しておくための、リスト・タプル・辞書というデータ型があります。

▌リスト

リストは、複数の値を **[]** で囲むことによって作成することができます。順番を保持したまま複数の数値や文字列を入れられる箱だと考えてください。

次のように、複数の値（整数や文字列といった値）を保存しておくことができます。

```python
str_list = ['a', 'b', 'c']
num_list = [1, 2, 3, 4, 5]
```

また、アクセスも簡単で、要素の番号を指定することで取り出すことができます。

```python
str_list[2]
```

●実行結果
```
c
```

```python
num_list[0]
```

●実行結果
```
1
```

Pythonでは、要素番号は0から始まる点に注意してください。また、 **:** を使って範囲を指定して取り出すことも可能です。

```python
num_list[0:2]
```

●実行結果
```
[1, 2]
```

■ SECTION-003 ■ Pythonの基本的な使い方

要素を削除する際は、`remove` や `del` を使います。要素を指定するか、要素番号を指定するかで使い分けてください。

```
str_list = ['a', 'b', 'c']

# 要素を指定して削除
str_list.remove('a')
print(str_list)
```

◉実行結果

```
['b', 'c']
```

```
str_list = ['a', 'b', 'c']

# 要素番号を指定して削除
del str_list[2]
print(str_list)
```

◉実行結果

```
['a', 'b']
```

また、要素を追加する際は、`append` を使います。

```
str_list = ['a', 'b', 'c']

# 要素を追加する
str_list.append('d')
print(str_list)
```

◉実行結果

```
['a', 'b', 'c', 'd']
```

▍タプル

タプルもリストと同じように複数の値を保存しておくことができます。リストでは `[]` で囲みましたが、タプルでは `()` で囲むことで定義できます。

```
a = (0, 1, 8, 12)
print(a)
```

◉実行結果

```
8
```

タプルも同様に、indexを指定することで、要素を取り出すことができます。

```
print(a[3])
```

◉実行結果
```
12
```

リストとの大きな違いとして、タプルの要素は変更できない点があります。下記のように値を変更しようとすると、エラーになります。

```
a = (0, 1, 8, 12)
```

```
# 値を代入してみるとエラー
a[2] = 3
```

◉実行結果
```
---------------------------------------------------------------------
TypeError                                 Traceback (most recent call last)
<ipython-input-4-fa1ba3f7cc8f> in <module>()
----> 1 a[0] = 2

TypeError: 'tuple' object does not support item assignment
```

辞書

辞書は、keyとvalueをセットにしたデータ構造を持ちます。辞書型の変数を作るには、`{}`で値を定義してあげます。

```
dict = {'a': 20, 'b': 30, 'c': 15}
```

keyとvalueはセットになっているため、keyを指定することによってvalueを取り出すことができます。

```
print(dict['a'])
```

◉実行結果
```
20
```

```
print(dict['c'])
```

◉実行結果
```
15
```

`keys` メソッドと `values` メソッドを使うことで、keyとvalueの一覧を取得することができます。

```
print(dict.keys())
```

◉実行結果

```
dict_keys(['a', 'b', 'c'])
```

```
print(dict.values())
```

◉実行結果

```
dict_values([20, 30, 15])
```

また、`items()` を使うと、`(key, value)` のタプルが並んだリストを取得することができます。

```
print(dict.items())
```

◉実行結果

```
dict_items([('a', 20), ('b', 30), ('c', 15)])
```

条件文

その他のプログラミング言語とそれほど変わらないですが、下記のように `if ～ (elif) else ～` のような形で条件を指定します。

```
a = "blue"

if a == 'red':
    print('apple')
elif a == 'blue':
    print('sky')
else:
    print('earth')
```

◉実行結果

```
sky
```

`if` の条件を満たさない場合は、`elif` の条件を今度は満たすかどうか確認し、最終的に、どの条件も満たさない場合は、`else` 以降の処理が回ります。

関数の定義

何度も発生する処理や冗長になりがちな処理を関数として定義しておくことで、可読性が上がります。下記は2つの引数を足し合わせる関数の例です。下記の例のように、関数は `def(引数1, 引数2, ...):` によって定義します。

```
def sum(a, b):
    return a + b
```

実行する際は、定義した関数名に必要な引数を与えてあげます。

```
sum(2, 5)
```

◉実行結果
```
7
```

ループ処理

繰り返しの処理を実行する際には、`for` 文を使います。`for 変数名 in データの集まり` といった形で用います。下記は、0〜9までの値をすべて足し合わせるような処理を行っています。

```
n = 0
for i in range(10):
    n += i
print(n)
```

◉実行結果
```
45
```

`range(10)` は、0〜9までの整数を順番に返してくれます。`for` 文とよく一緒に使われることが多いので覚えておきましょう。

ループ処理と条件文を合わせたような処理をするために `while` というものがあります。`while` はある条件を満たす間、`while` 以下で書かれた処理を実行し続けます。たとえば、次のコードでは、`n` が `10` より小さければ、`while` 以降の処理（ここでは `n` という変数に `1` を足すという処理）をループさせています。

```
n = 0
while n < 10:
    print(n)
    n += 1

print('finish:', n)
```

● 実行結果
```
0
1
2
3
4
5
6
7
8
9
finish: 10
```

リスト内包表記

下記のような、`for` 文でリストに値を追加していくような処理をする際には、リスト内包記法を使うと、可読性が上がるうえに処理が速いです。

```
list_a = []
for i in range(10):
    list_a.append(i**2)

print(list_a)
```

● 実行結果
```
[0, 1, 4, 9, 16, 25, 36, 49, 64, 81]
```

リスト内包表記は、リスト内に `for` 文を書くようなイメージです。

```
list_b = [i**2 for i in range(10)]
print(list_b)
```

● 実行結果
```
[0, 1, 4, 9, 16, 25, 36, 49, 64, 81]
```

上記のように、リスト内包表記を使うと、同じ処理でも1文で書くことができます。

■SECTION-003■ Pythonの基本的な使い方

おわりに

本章では、下記のことについて説明しました。
- Pythonインストール方法
- 環境セットアップ
  - Anacondaで構築
  - Google Colaboratory
- Pythonの基本的な記法

　CHAPTER 03以降の実践では、基本的にGoogle Colaboratory上で動かすことを想定しているので、使い方については頭の片隅に置いておいてください。また、Pythonの使い方に関して、基本的な演算等の記法の紹介に留めますが、CHAPTER 02ではデータ分析をする上で必要不可欠なライブラリNumpyとPandasの使い方について触れていきます。

CHAPTER 02
Pythonを使ったデータ処理

　本章では、Pythonでデータ処理を行う際によく使われる「numpy」や「pandas」、可視化する際に便利な「matplotlib」や「seaborn」などのライブラリについて、使い方を解説します。
　また、ライブラリ紹介後に、データ分析の流れについて実際のデータを使いながら紹介します。

SECTION-004

ライブラリのインストール方法

　本節では、ライブラリのインストール方法について紹介します。
　Pythonでは、**pip**というパッケージ管理ツールを使い、ライブラリをインストール・管理することができます。PyPIというサイトに世界中の人が開発したさまざまなライブラリが登録されており、`pip` コマンドを使うことで、それらのライブラリを簡単にインストールすることができます。
　その他にも、Anacondaを使用している場合は、`conda` というコマンドを使ってインストールすることも可能です。
　たとえば、あるライブラリをインストールする場合、ターミナルを開き、下記のようなコマンドを実行します。

```
pip install <ライブラリ名>
```

　Google ColaboratoryのNotebook上でも、先頭に `!` をつけて実行すると、インストールできます。

```
!pip install <ライブラリ名>
```

　Anacondaを使用している方は、下記のコマンドでインストールが可能です。

```
conda install <ライブラリ名>
```

　なお、インストールされているライブラリ一覧は次のコマンドで確認することができます。

```
pip list
```

SECTION-005

Numpyライブラリの使い方

numpyはPythonで数値計算を行うためのライブラリで、ベクトルや行列という配列を表現することができます。

numpy基礎

Notebook上やPythonファイルにて、下記のように記述し、ライブラリを読み込みます。

```
import numpy as np
```

この宣言後は、`as` 以降で定義した名前でnumpyモジュールを使用することができます。`as` で指定する名前は任意に決めてよいのですが、`np` と書かれることが多いので、特にこだわりがなければ上記のようにインポートしてください。

配列を作成する際は、`np.array([])` を使用します。`[]` の中は、リストと同様に要素を並べます。

```
arr = np.array([1, 2, 3, 4])
arr
```

◉実行結果
```
array([1, 2, 3, 4])
```

CHAPTER 01で学んだ `type()` を使って、変数の型が `numpy.ndarray` となっていることを確認してください。

```
print(type(arr))
```

◉実行結果
```
<class 'numpy.ndarray'>
```

numpyでは多次元の配列も作成することができます。次のように、リストの中にリストを持つようにして、定義します。

```
arr2 = np.array([[1, 2, 3, 4], [3, 6, 7, 8]])
arr2
```

◉実行結果
```
array([[1, 2, 3, 4],
       [3, 6, 7, 8]])
```

今回は2行4列の配列を定義しました。

なお、`shape` を使うことで、どういった配列構造かを確認することができます。

```
arr2.shape
```

●実行結果
```
(2, 4)
```

要素へのアクセス

arrayの各要素は、インデックスを指定して取り出すことができます。たとえば、先ほどのような2×4の2次元配列の場合、次のように `0` を指定すると、1行目を選択できます。

```
print(arr2[0])
```

●実行結果
```
[1 2 3 4]
```

同様に、`1` を指定すると2行目を選択できます。

```
print(arr2[1])
```

●実行結果
```
[3 6 7 8]
```

その後に、列要素のインデックスを指定すると、各要素を抽出できます。

```
print(arr2[1][2])
```

●実行結果
```
7
```

また、スライスという : で範囲を指定する方法で、要素を抽出することもできます。

```
print(arr2[1][1:3])
```

●実行結果
```
[6 7]
```

演算

numpyで作成したベクトルは、次のように要素同士の演算を行うことができます。

```
arr = np.array([1, 2, 3, 4])
arr + arr
```

●実行結果
```
array([2, 4, 6, 8])
```

SECTION-005 Numpyライブラリの使い方

```
arr * arr
```

◉実行結果
```
array([ 1,  4,  9, 16])
```

```
5 + arr
```

◉実行結果
```
array([6, 7, 8, 9])
```

```
4 * arr
```

◉実行結果
```
array([ 4,  8, 12, 16])
```

また、array内の要素に対して演算を行うメソッドも多く用意されています。以降では、その一部を載せてあります。

```
arr = np.array([1,2,3,4])
```

```
# 和を計算する
arr.sum()
```

◉実行結果
```
10
```

```
# 平均を計算する
arr.mean()
```

◉実行結果
```
2.5
```

```
# 最大値を求める
arr.max()
```

◉実行結果
```
4
```

いろいろな初期化

`arange()` を使うと、連番の配列を作成することができます。

```
arr = np.arange(10)
arr
```

◉実行結果
```
array([0, 1, 2, 3, 4, 5, 6, 7, 8, 9])
```

また、次のように `reshape()` を使うと、多次元配列に変更することもできます。

```
arr.reshape(2, 5)
```

◉実行結果
```
array([[0, 1, 2, 3, 4],
       [5, 6, 7, 8, 9]])
```

データ分析をする上でnumpyを使う機会は非常に多いので、使い方はマスターしておきましょう。

SECTION-006

Pandasの使い方

PandasはPythonでデータ分析を行うためのライブラリです。主にデータの前処理を行うために使われることが多く、このPandasと後ほど紹介するscikit-learnという機械学習を行うためのPythonライブラリはシームレスにつながっているため、分析を行う上で必須のライブラリとなっています。

また、先ほどのnumpyと同様に、`pd` という名前をつけてimportすることが多いので覚えておきましょう。

```
import pandas as pd
```

■ Series

pandasは、SeriesとDataFrameという2つのデータ構造でデータを処理します。
Seriesは一次元のデータ構造を持ちます。

```
a = pd.Series([2, 3, 4, 5])
a
```

◉実行結果

```
0    2
1    3
2    4
3    5
dtype: int64
```

インデックスが左側、データの値が右側に出力されています。numpyと同様にindexを指定することで要素を抽出できます。

```
a[0]
```

◉実行結果

```
2
```

```
a[1:3]
```

◉実行結果

```
1    3
2    4
dtype: int64
```

また、算術メソッドを使って、平均や合計を求めることができます。

```
# 合計
a.sum()
```

●実行結果
```
14
```

```
# 平均
a.mean()
```

●実行結果
```
3.5
```

DataFrame

Seriesは1次元の配列を表現することしかできませんが、DataFrameにすることで多次元データをテーブル形式で表現することができます。実際のデータ分析では、多次元データを扱うことがほとんどのため、先ほどのSeries型よりもこちらのDataFrame形式でPandasを扱うことのほうが多いです。

次のように、各列にそれぞれ配列を指定してDataFrameを作成してみます。

```
col_1 = np.array(['A', 'B', 'A', 'C', 'D'])
col_2 = np.array([1, 2, 3, 4, 5])
col_3 = np.array([3, 6 ,7, 8, 2])

df = pd.DataFrame({'col_1':col_1, 'col_2':col_2, 'col_3':col_3})
df.head()
```

●実行結果
```
   col_1  col_2  col_3
0    A      1      3
1    B      2      6
2    A      3      7
3    C      4      8
4    D      5      2
```

```
# データの形
df.shape
```

●実行結果
```
(5, 3)
```

データフレームの各列のデータを取り出す際は、`df['col_name']`、もしくは`df.col_name`で取り出すことができます。

```
df['col_1'] # df.col_1でも可能
```

◉実行結果

```
0    A
1    B
2    A
3    C
4    D
Name: col_1, dtype: object
```

行番号や列番号を指定して抽出したい場合は、`iloc`を使います。

```
# indexが2の行の抽出
df.iloc[2]
```

◉実行結果

```
col_1    A
col_2    3
col_3    7
Name: 2, dtype: object
```

```
# indexが2の行以降の抽出
df.iloc[2:]
```

◉実行結果

```
   col_1 col_2 col_3
2    A     3     7
3    C     4     8
4    D     5     2
```

```
# 3行2列の要素
df.iloc[2, 1]
```

◉実行結果

```
3
```

上記のDataFrameで、`col_1`がAのものだけ取り出したい場合は下記のようにして、取り出すことができます。

```
# col_1がAの抽出
df[df['col_1'] == 'A']
```

■ SECTION-006 ■ Pandasの使い方

◉実行結果

```
   col_1  col_2  col_3
0    A      1      3
2    A      3      7
```

また、`query()`を使うと、次のように直感的に抽出することが可能です。

```
# queryを使って条件抽出
df.query('col_1 == "B"')
```

◉実行結果

```
   col_1  col_2  col_3
1    B      2      6
```

■ 便利なメソッド

pandasには、データ分析をするための便利なメソッドが多く用意されています。

たとえば、`describe()`を使用することで、各カラムの平均値や標準誤差、四分位数といった記述統計量を求めることができます。似たようなメソッドに`info()`がありますが、こちらは各カラムに`null`がいくつあるか、データ型、使用メモリといったものを出力してくれます。

```
df.describe()
```

◉実行結果

```
          col_2     col_3
count  5.000000  5.000000
mean   3.000000  5.200000
std    1.581139  2.588436
min    1.000000  2.000000
25%    2.000000  3.000000
50%    3.000000  6.000000
75%    4.000000  7.000000
max    5.000000  8.000000
```

```
df.info()
```

◉実行結果

```
<class 'pandas.core.frame.DataFrame'>
RangeIndex: 5 entries, 0 to 4
Data columns (total 3 columns):
col_1    5 non-null object
col_2    5 non-null int64
col_3    5 non-null int64
dtypes: int64(2), object(1)
memory usage: 200.0+ bytes
```

また、各カラムデータに対しても、`sum()` や `mean()` といったメソッドを使って合計値や平均値を求めることができます。データフレーム形式にしておくと、このようにデータがどうなっているのかを簡単に求めることができます。

```python
# col_2列の合計値や平均を求める
print(df['col_2'].sum())
print(df['col_2'].mean())
```

◉実行結果

```
15
3.0
```

データの並び替えなどしたいときは、`sort_values()` を使用します。`ascending` では、デフォルトで昇順、`False` にすることで降順でのソートができます。

```python
df.sort_values('col_2', ascending=False)
```

◉実行結果

```
4    D    5    2
3    C    4    8
2    A    3    7
1    B    2    6
0    A    1    3
```

データ分析の前処理で、欠損値を外す、あるいは別の値で埋めるといった処理をよく行いますが、そういった処理もpandasで行うことができます。

欠損値を外したい場合は `dropna()`、欠損値を置換したい場合は `fillna()` を使用します。

```python
# Aをnanに置き換える
df = df.replace('A', np.nan)
print(df)
```

◉実行結果

```
   col_1  col_2  col_3
0    NaN      1      3
1      B      2      6
2    NaN      3      7
3      C      4      8
4      D      5      2
```

SECTION-006 ■ Pandasの使い方

```
# 欠損値のある行を削除
df.dropna()
```

●実行結果

	col_1	col_2	col_3
1	B	2	6
3	C	4	8
4	D	5	2

```
# 欠損値を0で置換
df.fillna(0)
```

●実行結果

	col_1	col_2	col_3
0	0	1	3
1	B	2	6
2	0	3	7
3	C	4	8
4	D	5	2

▌データの読み込み

　一般的には、CSVファイルなどのデータを読み込む際にpandas形式に変換することが多いです。

　CSVファイルの読み込みは `read_csv()`、逆にCSVファイル形式での保存は `to_csv()` を使用します。`sep` で区切り文字の指定、`names` ではカラム名を指定できます。`to_csv()` の `index` では、データフレームのindexを含めるかの設定ができます。

```
# データの読み込み
df = pd.read_csv('filename', sep='\t', names=[col1, col2, ..])

# dfはデータフレーム
# データの保存
df.to_csv('filename', sep='\t', index=False)
```

SECTION-007

Pythonの可視化ライブラリ

　代表的な可視化用のライブラリである、**matplotlib**と**seaborn**について、簡単に使い方を紹介します。seabornはmatplctlibをもとに作られているため、機能的に違いはあまりありませんが、seabornの方がきれいに可視化できます。
　各プロット方法について、使い方や実際に描画したものを比較していきます。

```
from matplotlib import pyplot as plt
import seaborn as sns
plt.style.use('ggplot')
%matplotlib inline

from sklearn.datasets import load_iris
import pandas as pd
```

　`%matplotlib inline`は、Jupyter Notebook上で可視化させるために必要なマジックコマンドです。
　可視化するためのサンプルデータとして、irisというサンプルデータを使用します。irisデータは、セトナ（setosa）・バーシクル（versicolor）・バージニカ（virginica）という3種類のあやめのデータに対して、がく片長（Sepal Length）・がく片幅（Sepal Width）・花びら長（Petal Length）・花びら幅（Petal Width）という4つの情報が用意されています。irisについてはCHAPTER 04の実践編で詳しく解説するので、ここでは適当なデータを読み込んでいると考えてください。
　下記を実行します。

```
iris = load_iris()

df = pd.DataFrame(iris.data, columns=iris.feature_names)
df['target'] = iris.target
df.loc[df['target'] == 0, 'target'] = "setosa"
df.loc[df['target'] == 1, 'target'] = "versicolor"
df.loc[df['target'] == 2, 'target'] = "virginica"
```

　次項以降では、matplotlibとseabornで次のプロット作成方法について比較します。
- ヒストグラム
- 散布図
- 折れ線グラフ

　また、seabornを活用したその他の可視化メソッドについても紹介します。

ヒストグラム

matplotlibでヒストグラムを作成するには、`plt.hist()`を使います。また、タイトルや、x軸、y軸のラベル名を追加することもできます。

seabornでは、`distplot()`を使います。

```
# matplotlib
plt.title('iris data plot')
plt.xlabel('x axis name')
plt.ylabel('y axis name')
plt.hist(df['sepal length (cm)'])
plt.show()

# seaborn
sns.distplot(df['sepal length (cm)'])
```

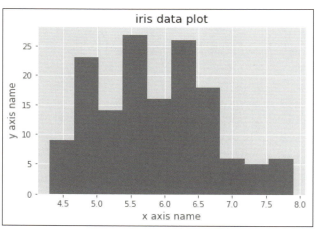

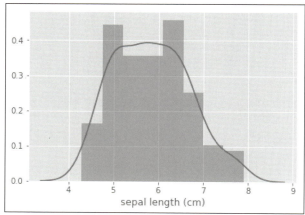

散布図

matplolibでは **scatter()**、seabornでは **jointplot()** を使用します。seabornでは、散布図に加えて、ヒストグラムも表示することができます。

```
# matplotlib
plt.scatter(df['sepal length (cm)'], df['petal length (cm)'])
plt.show()
# seaborn
sns.jointplot('sepal length (cm)', 'petal length (cm)', data=df)
```

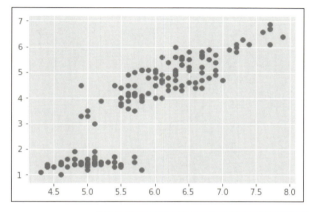

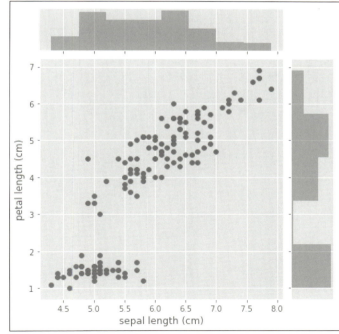

折れ線グラフ

matplotlibでは `plot()`、seabornでは `lineplot()` を使用します。

```
x = [1, 2, 3, 4]
y = [2, 5, 7, 9]

# matplotlib
plt.plot(x, y)
plt.show()

# seaborn
sns.lineplot(x, y)
```

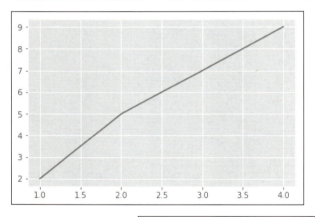

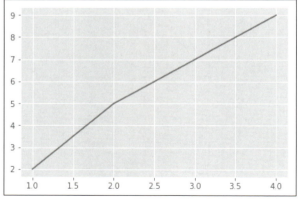

その他

seabornで使える便利な可視化方法をいくつか紹介します。
- 箱ひげ図
- ヒートマップ
- 散布図(全変数間)

`boxplot()`を使うと、箱ひげ図を作成できます。

```
# 箱ひげ図
sns.boxplot(x = 'target',y = 'sepal length (cm)', data=df)
```

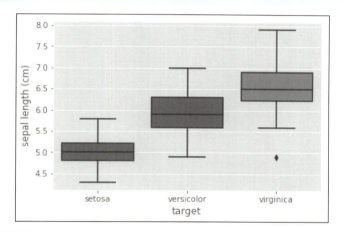

`heatmap()`を使うと、ヒートマップを作成できます。相関行列をヒートマップ形式で可視化することが多いので、その例を紹介します。なお、相関行列は、pandasの`corr()`を使用して求めることができます。

```
# 相関行列を作成
corr = df.corr()
# ヒートマップ
sns.heatmap(corr)
```

■ SECTION-007 ■ Pythonの可視化ライブラリ

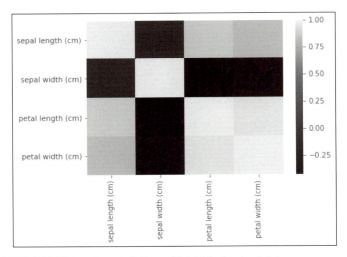

また、`pairplot()`を使うと、全変数間の散布図をプロットできます。

```
# 散布図 hueでしたカテゴリごとに色分け
sns.pairplot(df, hue = 'target')
```

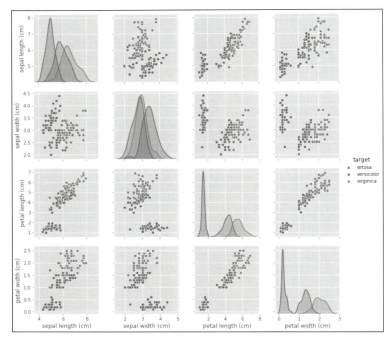

　データ分析をする上でデータの構造や分布を見ることは第一歩になりますので、ここで紹介したグラフを参考に、ぜひいろいろなデータをグラフにしてみてください。

SECTION-008

データ分析の流れ

本節ではデータ分析の流れについて、簡単な例を紹介しながら解説していきます。

まず、データ分析を始める前に、データ分析の目的を定めます。たとえば、「売上を伸ばしたい」「広告の効果を高めたい」などのKPIがあるとします。それらを達成するために、どういったデータが必要で、どういった分析をして、どういったアウトプットを出せばいいのか、ということを逆算して考える必要があります。

分析の目的が定まったら、次のような流れで分析を行います。

1. データを集める
2. 前処理
3. 分析
4. 評価
5. 考察

これらについて、機械学習のサンプルデータセットとしてよく使われる、irisデータを使いながら、順を追って説明していきます。

irisデータは、セトナ（setosa）・バーシクル（versicolor）・バージニカ（virginica）という3種類のアヤメのデータに対して、がく片長（Sepal Length）・がく片幅（Sepal Width）・花びら長（Petal Length）・花びら幅（Petal Width）という4つの情報が用意されています。

今回は、irisデータに含まれる花の種類を分類できるモデルを作ることを目的に設定します。

データを集める

データを集めるステップは、さらに次の2つのフェーズに分けられます。

- 分析目的のために必要なデータを集めてくるフェーズ
- 集まったデータから分析に必要な要素を抽出するフェーズ

今回はscikit-learnライブラリからirisデータは提供されているため、それを読み込むだけです。

```
from sklearn.datasets import load_iris
iris = load_iris()
```

読み込んだデータは下記のように、`target`と`data`に分かれています。`target`は花の種類を格納したものです。`data`の方には、特徴量がデータの数だけ格納されています。

```
iris.target
```

●実行結果

```
array([0, 0, 0, 0, 0, 0, 0, 0, 0, 0, 0, 0, 0, 0, 0, 0, 0, 0, 0, 0, 0, 0,
       0, 0, 0, 0, 0, 0, 0, 0, 0, 0, 0, 0, 0, 0, 0, 0, 0, 0, 0, 0, 0, 0,
       0, 0, 0, 0, 0, 0, 1, 1, 1, 1, 1, 1, 1, 1, 1, 1, 1, 1, 1, 1, 1, 1,
       1, 1, 1, 1, 1, 1, 1, 1, 1, 1, 1, 1, 1, 1, 1, 1, 1, 1, 1, 1, 1, 1,
       1, 1, 1, 1, 1, 1, 1, 1, 1, 1, 1, 1, 2, 2, 2, 2, 2, 2, 2, 2, 2, 2,
       2, 2, 2, 2, 2, 2, 2, 2, 2, 2, 2, 2, 2, 2, 2, 2, 2, 2, 2, 2, 2, 2,
       2, 2, 2, 2, 2, 2, 2, 2, 2, 2, 2, 2, 2, 2, 2, 2, 2, 2])
```

```
iris.data
```

●実行結果

```
array([[5.1, 3.5, 1.4, 0.2],
       [4.9, 3. , 1.4, 0.2],
       [4.7, 3.2, 1.3, 0.2],
       [4.6, 3.1, 1.5, 0.2],
       [5. , 3.6, 1.4, 0.2],
       [5.4, 3.9, 1.7, 0.4],
       [4.6, 3.4, 1.4, 0.3],
       [5. , 3.4, 1.5, 0.2],
       [4.4, 2.9, 1.4, 0.2],
       [4.9, 3.1, 1.5, 0.1]
       ----
```

■ 前処理（データ整形）

先ほど読み込んだirisデータを、処理がしやすいように、pandasのDataFrame形式に変換しておきます。

```
df = pd.DataFrame(iris.data, columns=iris.feature_names)
df['target'] = iris.target

df.head()
```

●実行結果

	sepal length (cm)	sepal width (cm)	petal length (cm)	petal width (cm)	target
0	5.1	3.5	1.4	0.2	0
1	4.9	3.0	1.4	0.2	0
2	4.7	3.2	1.3	0.2	0
3	4.6	3.1	1.5	0.2	0
4	5.0	3.6	1.4	0.2	0

```
# 欠損値の有無、データ型の確認
df.info()
```

◉実行結果

```
<class 'pandas.core.frame.DataFrame'>
RangeIndex: 150 entries, 0 to 149
Data columns (total 5 columns):
sepal length (cm)    150 non-null float64
sepal width (cm)     150 non-null float64
petal length (cm)    150 non-null float64
petal width (cm)     150 non-null float64
target               150 non-null int64
dtypes: float64(4), int64(1)
memory usage: 5.9 KB
```

データの前処理としては、たとえば次のようなものがあります。

- 外れ値の対処
- 欠損値の対処
- スケーリング
- 特徴量作成
- カテゴリ変数のダミー化

データセットによってするべき処理が変わるので、CHAPTER 03以降の実際のデータ分析で随時紹介していきます。

今回は試しにデータのスケーリングを行ってみます。

スケーリングとは、特徴量の値の範囲を変える処理のことをいいます。たとえば、特徴量として、体重(kg)や身長(cm)など、複数の単位を持つデータ・セットを扱うことは多いと思いますが、そういった特徴量間でのスケールが違うものをそのまま学習しても、うまく学習できないことがあります。

ここでは特徴量を0～1の範囲に収める、正規化処理を行ってみましょう。

```
from sklearn.preprocessing import MinMaxScaler
X = iris.data
scaler = MinMaxScaler()
X = scaler.fit_transform(X)
X[0:5]
```

◉実行結果

```
array([[0.22222222, 0.625     , 0.06779661, 0.04166667],
       [0.16666667, 0.41666667, 0.06779661, 0.04166667],
       [0.11111111, 0.5       , 0.05084746, 0.04166667],
       [0.08333333, 0.45833333, 0.08474576, 0.04166667],
       [0.19444444, 0.66666667, 0.06779661, 0.04166667]])
```

分析

今回は、決定木という手法を使って分析してみます。こちらの手法に関しては、CHAPTER 04にて詳しく説明していますので、ここでは説明は省きます。

機械学習専用のライブラリである、scikit-learnを使います。使い方はとても簡単で、モデルを定義し、`fit()`で学習を実行します。その後、`predict()`を使ってデータの予測を行うことができます。

```
from sklearn.metrics import accuracy_score
from sklearn.tree import DecisionTreeClassifier

# 決定木による学習を実行
clf = DecisionTreeClassifier() # モデルを定義
clf.fit(iris.data, iris.target) # 学習

# 正解率を計算
accuracy_score(clf.predict(iris.data), iris.target)
```

●実行結果
```
1
```

また、scikit-learnにはモデルを評価するためのライブラリも用意されており、上記では、`accuracy_score()`を使って、正解率を出しています。結果は、`1`ということで、100%正解していることになります。

しかし、学習に使ったデータでは、正解率が高くなるのはある意味、当然です。そこで、次節に登場する、cross validationという手法を使って通常は評価をします。

評価方法

モデルを評価するためには、学習用データとは別に、バリデーションデータといわれる検証用データを用意する必要があります。

その後、学習用データを使ってモデルを学習し、そのモデルに対しバリデーションデータでどの程度、性能を発揮できるのか確認します。

学習データと検証用データを分けることをcross validationと呼びます。cross validationにもいろいろな手法はありますが、今回は一番単純な方法で、学習データが全体の80%、検証用データが全体の20%になるようにランダムに分割してみます。

```
from sklearn.model_selection import train_test_split

X_train,X_test,y_train,y_test=train_test_split(iris.data, iris.target, test_size=0.2)
clf = clf = DecisionTreeClassifier()
clf.fit(X_train, y_train)

accuracy_score(clf.predict(X_test), y_test)
```

◉実行結果

```
0.9333
```

学習データと検証データを分割するには、sklearnのmodel_seclectionの `train_test_split()` を使用します。`test_size` のオプションで、検証用データの割合を指定することができます。

今回は、テストデータを全体の20%にしたいので、`test_size=0.2` としています。

上記例でモデルの正解率を計算してみると、検証用データに対して93%ほど正解しています。

■ 考察

決定木の場合、どのようなルールに従って分類したかを可視化することができます。

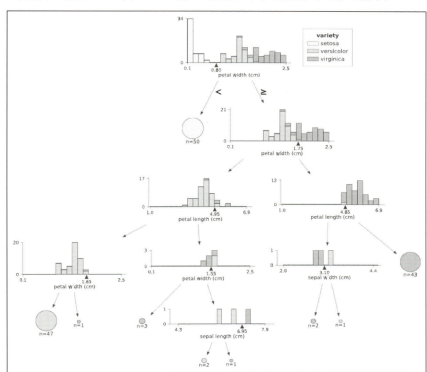

手法によっては、特徴量の重要度を見ることができたり、このあと学ぶ回帰では、各特徴量が目的変数にどういった影響を与えているのかを定量的に把握することができます。

モデルの精度を確認したあとは、一歩踏み込んで考察をしてみましょう。

■ SECTION-008 ■ データ分析の流れ

おわりに

本章では、下記の項目について説明しました。

- ライブラリのインストール方法
- Numpyライブラリの使い方
- Pandasライブラリの使い方
- 可視化ライブラリ
    - matplotlib
    - seaborn
- データ分析の流れ

本章で紹介したライブラリは、データ分析をする上で必須なので、ぜひ使い方をマスターしておきましょう。

CHAPTER 03以降は、いろいろな手法とデータを用いて、分析を行います。その際に、本章で解説したデータ分析の流れを感じながら、一緒に分析を行ってみてください。

CHAPTER 03
教師あり〜回帰〜

　本章では、「教師あり学習」と表現される手法の一つである、「回帰」について紹介します。
　58ページでは基礎となる線形回帰について、100ページでは少し発展させたリッジ回帰・ラッソ回帰について学びます。

SECTION-009

線形回帰

線形回帰は、データ分析の中でも基本的かつよく使われる手法です。

回帰分析

回帰分析とは、ある変数 x が与えられたとき、それと相関関係があり連続値である y の値を説明・予測することです。

たとえば、y を不動産価格、x を部屋面積としたときに、次のようなことが回帰分析の結果から求めることができます。

- 部屋面積が1平方メートル広くなると、不動産価格にどれほど影響を与えるのか
- ある部屋面積のとき、不動産価格は大体いくらか

線形回帰分析のイメージ

次のような、不動産価格と部屋面積に関するデータが与えられているとしましょう。

部屋面積(平方メートル)	不動産価格(万円)
65	6400
35	3500
185	42000
45	4700
80	7400
・・・	・・・

2次元にプロットしてみると、なんとなく右上がりに点が偏っています。

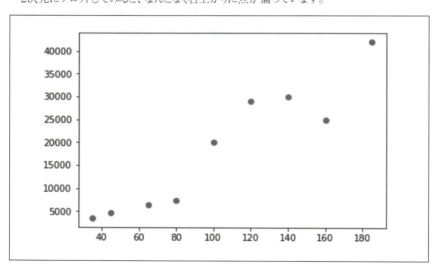

この図からだけだと、部屋面積と不動産価格が相関していそうだという予想はできても、具体的にどれくらいインパクトを与えているかはわかりません。

そこで、先ほどの図に、当てはまりの良さそうな下記の直線を引いてみます。

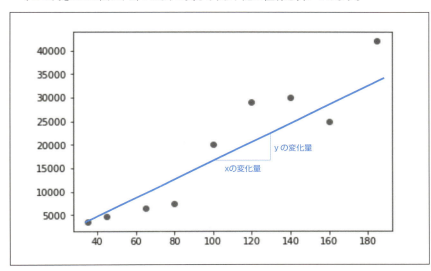

この直線から、x の変化量に対する y の変化量がわかります。中学生で習った1次関数の式を思い出してみてください。

$$y = ax + b$$

a がこの直線に対する傾きで、b が切片です。

線形回帰分析を行う目的は、この a や b といった関数のパラメータを、所与のデータを最もよく説明するように決めることです。関数の式が決まれば、x が1単位変化したときの y の変化量を求めることができ、先ほどの「部屋面積が1平方メートル広くなると、不動産価格にどれほど影響を与えるのか」という疑問への答えとなります。

たとえば、次のようにパラメータ a, b が定まったとします。

$$y = 100x + 200$$

このとき、x（部屋面積）が1平方メートル増えると、y（不動産価格）は100万円上がるということになります。また、部屋面積○○平方メートルのときの不動産価格も求めることができ、たとえば、部屋面積が30平方メートルのとき、予測される不動産価格は3200万円です。

このようにして、定量的な分析をすることができます。ここで、簡単な用語の整理ですが、x を**説明変数**、y を**目的変数**といいます（目的変数 y は被説明変数、従属変数、説明変数 x は独立変数などと呼ばれたりもします）。

また、上記の例のような説明変数が1つ（部屋面積のみ）の場合には**単回帰分析**、説明変数が2つ以上である場合は**重回帰分析**と呼ばれます。重回帰分析については、次項で説明します。

■ SECTION-009 ■ 線形回帰

また、説明変数と目的変数の間に線形の関係を仮定した場合を**線形回帰**といいます。

線形の関係とは、説明変数が1単位変化するごとの、目的変数の変化量がいつも一緒であることを意味しています。今回の例でいうと、部屋面積が仮に100平方メートルのときも50平方メートルのときも、「部屋面積が1平方メートル増えると、不動産価格が100万円上がる」という関係性は変わらない、という仮定を置いています。

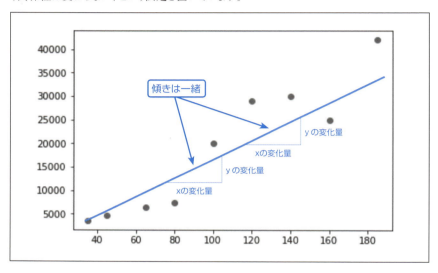

重回帰分析のイメージ

前項では、線形回帰のイメージを伝えるため、説明変数が1つ、つまり単回帰分析を例にとって説明しました。しかし、世の中の問題の多くは、1つの説明変数だけでは十分に説明・予測することができません。

本項では、説明変数が複数ある場合、つまり重回帰分析について解説します。といっても、単回帰と本質的には変わらないので安心してください。

説明を簡単にするため、説明変数を1つだけ増やして考えてみましょう。

つぎのような、不動産価格と部屋面積、そして最寄駅からの距離に関するデータが与えられているとしましょう。

部屋面積（平方メートル）	最寄駅からの距離（メートル）	不動産価格（万円）
65	200	6400
35	1000	3500
185	1500	42000
45	300	4700
80	800	7400
50	2000	4500
...	...	...

3次元にプロットしてみると、なんとなく相関関係がわかります。

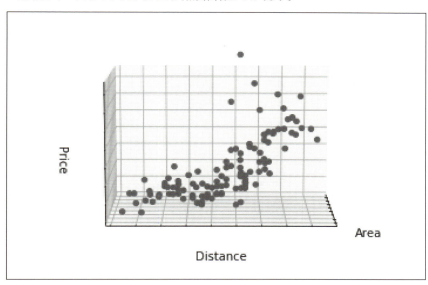

少し回転させてみます。

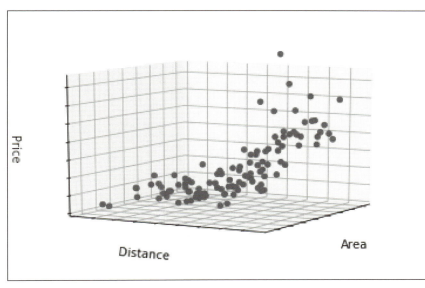

■SECTION-009 ■ 線形回帰

　単回帰の場合は、当てはまりそうな直線を引いてみましたが、今回3次元なので、次のように平面を引くことで、傾向を捉えることができます。

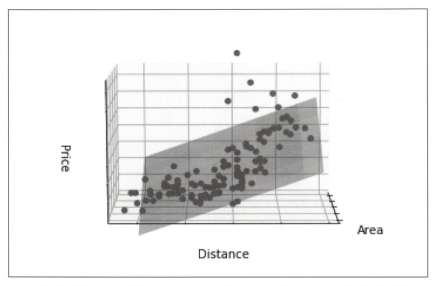

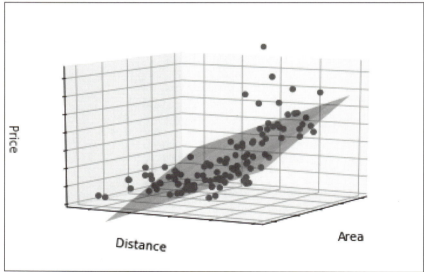

SECTION-009 線形回帰

この平面から、単回帰分析同様に、説明変数の変化量に対する目的変数の変化量がわかります。

y を不動産価格、x_1 を部屋面積、x_2 を駅からの距離とすると、次のように式が立てられます。

$$y = w_1 x_1 + w_2 x_2 + w_0$$

たとえば、次のようにパラメータ w_0, w_1, w_2 が定まったとします。

$$y = 120 x_1 - 2 x_2 + 100$$

このとき、x_1（部屋面積）が1平方メートル増えると、y（不動産価格）は120万円上がり、x_2（駅からの距離）が1メートル遠くなると、y（不動産価格）が2万円下がるということになります。

また、部屋面積○○平方メートルのときの不動産価格も求めることができ、たとえば、部屋面積が30平方メートルで駅からの距離が500メートルの場合、予測される不動産価格は2700万円です。

単回帰の場合は、目的変数と説明変数の値が2次元上にあるため、直線を引くことで、関係式を表現することができます。同様に、上記の例のように説明変数が2つの場合は、目的変数と説明変数が3次元上にあるため、2次元の平面により、関係式を表現することができます。もちろん説明変数が3つ以上あっても重回帰分析は可能です。その場合は目的変数と説明変数が4次元以上にあるため、図示することができず、頭の中でイメージがしづらいかもしれませんが、結局、行っていることは同様です。

今回は、駅からの距離という変数を追加することで、次のような式を立ててみました（y：不動産価格、x_1：部屋面積、x_2：駅からの距離）。

$$y = w_1 x_1 + w_2 x_2 + w_0$$

これまでの例では、説明変数にすべて一次式ですが、次のように、二次以上の項を追加することもできます。

$$例1 : y = w_1 x_1 + w_2 x_1^2 + w_3 x_1^3 + w_0$$
$$例2 : y = w_1 x_1 + w_2 x_1^2 + w_3 x_2 + w_0$$
$$例3 : y = w_1 x_1 + w_2 x_2 + w_3 x_2^2 + w_0$$

複雑な式になりましたが、x_1^2 や x_1^3、x_2^2 の項も、1つの変数だと考えてしまえば、同じ重回帰分析の仲間です。

■ パラメータの導出

これまでの項で、単回帰分析・重回帰分析を行うことで、どのような示唆が得られるか学びました。

単回帰分析を例にすると、次のようにプロットされるデータがあるとします。

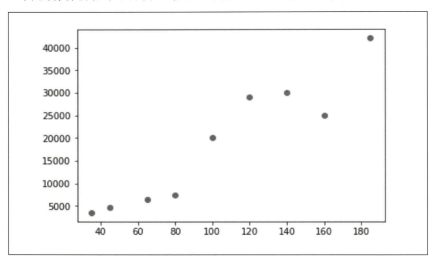

そこに、当てはまりそうな直線を引きます。

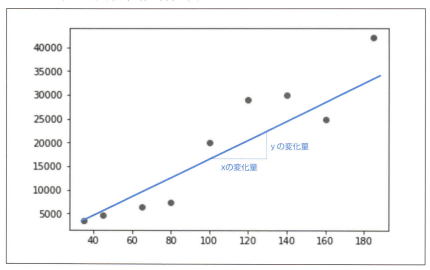

すると、次のような関係式を導くことできました。

$$y = 100x + 200$$

しかし、ここで1つ疑問が残ります。この「当てはまりそう」というのはどのように定義すればよいのでしょうか？

たとえば、次の2枚のグラフがあったとき、どちらが当てはまっていそうでしょうか？

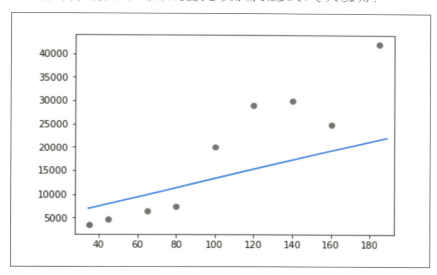

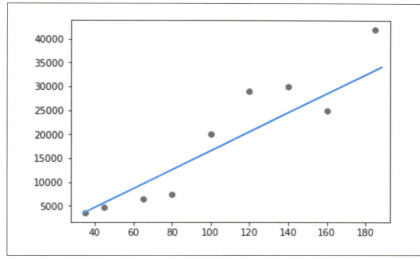

2枚目の方が当てはまりが良いと思ったはずです。「見た目でなんとなく良さそうな直線を選ぶ」というわけにはいかないので、「良さそう」を何かしら数値化する必要があります。

2枚の図を見比べると、2枚目の直線の方がデータの近いところを通っているため、確かに「良さそう」に見えます。

■ SECTION-009 ■ 線形回帰

では、この「データの近いところを通る」をもう少し深掘りしてみましょう。

次のように適当に直線を引いたとき、一番右の点と直線との間には誤差があります。この差分（実際の値から直線上の値を引いた値）を e_1 としましょう。この差分を残差と呼ぶのですが、残差はデータの数だけそれぞれあります。仮に100個のデータがあるとすると、$e_1, e_2, e_3, ... e_{100}$ と存在します。

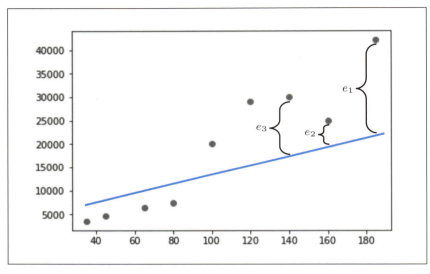

すぐに思いつくアイデアとしては、この残差をすべての点について足し合わせることで、直線の当てはまり具合を数値化することです。残差の和が少ない方が当てはまりが良い、という考えです。

しかし、次の例を見ると、そのアイデアでは、うまく当てはまり度合いを測れないことがわかります。

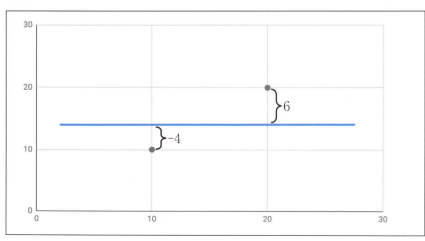

2つのグラフを目視で比較すると、後者の方が当てはまりが良さそうです。しかし、残差の和を比較すると、前者のグラフでは、$-4+6$ で**2**、後者のグラフでは、$0+4$ で**4**となり、前者の方が良いと判断されてしまいます。

このように、残差がプラスであったりマイナスになったりするので、単にそのまま足した値を当てはまりの良さの指標にすると、「現実よりも大きすぎた予測」と「現実よりも小さすぎた予測」が互いに打ち消し合ってしまいます。すると、予測が全然当たっていない場合にも、残差の和自体が小さな値になってしまいます。

これでは当てはまりの良さの指標としてはとても扱いにくいので、残差を二乗して足したものを当てはまりの良さの指標として比較してみましょう。二乗するのは、すべての符号をプラスにすることで誤差同士が打ち消し合ってしまわないようにするためです。

このような、残差を二乗し和をとったものを、**残差二乗和**といいます。

先ほどの2つのグラフの残差二乗和を比較すると、前者のグラフでは、$(-4)^2 + 6^2$ で**52**、後者のグラフでは、$0^2 + 4^2$ で**16**となり、後者の方が良いと判断され、見た目と合った結果になりました。

ということで、さまざまなパラメータ($y = ax + b$ であれば a と b)の中から、最も残差二乗和が小さくなるようなものを選ぶことで、最も当てはまりの良い関係式を作ることができます。

重回帰分析の場合もパラメータの数は多くなりますが、考え方は同様です。最も残差二乗和を小さくするように、パラメータを選びます。

残差二乗和を最も小さくするパラメータを効率よく求めるための、**最小二乗法**と呼ばれる方法がありますが、こちらはAPPENDIXで解説することにします。実際にプログラミングする際は、Pythonのライブラリを使って計算することになるため、最小二乗法がどのようなことを行っているか意識する必要はありません。現時点では、**残差二乗和が最も小さくなるようにパラメータを選べばよい**、ということのみ理解していれば問題ないです。

■ SECTION-009 ■ 線形回帰

なお、このように、与えられたデータから最適なパラメータを求めることを、機械学習の分野では、**学習**と表現します。

連続値ではない変数

前項までで扱った例では、不動産価格に対する説明変数は、部屋面積・駅からの距離と、どちらも連続値です。

しかし、すべての説明変数が連続値である必要はありません。たとえば、「バストイレが別かどうか」という条件を数値化したいとしましょう。

そのようなときは、バストイレが別の場合に1、バストイレが別ではない場合に0をとる変数を作ればよいです。

部屋面積 （平方メートル）	最寄駅からの距離 （メートル）	バストイレ	不動産価格 （万円）
65	200	1	6400
35	1000	1	3500
185	1500	0	42000
45	300	0	4700
80	800	0	7400
50	2000	1	4500
...	...	...	...

y を不動産価格、x_1 を部屋面積、x_2 を駅からの距離、x_3 をバストイレが別かどうかとすると、次のように式が立てられます。

$$y = w_1 x_1 + w_2 x_2 + w_3 x_3 + w_0$$

たとえば、次のようにパラメータ w_0, w_1, w_2, w_3 が定まったとします。

$$y = 100 x_1 - 2 x_2 + 300 x_3 + 200$$

このとき、x_1（部屋面積）が1平方メートル増えると y（不動産価格）は100万円上がり、x_2（駅からの距離）が1メートル遠くなると y（不動産価格）が2万円下がります。そして、バストイレが別の場合、バストイレ一緒のときと比べて、y（不動産価格）が300万円上がるということになります。

また、部屋面積○○平方メートルのときの不動産価格も求めることができ、たとえば、部屋面積が30平方メートルで駅からの距離が500メートルの場合で、バストイレが別の場合、予測される不動産価格は2500万円です。

なお、このように、数値ではないデータを0や1などの数値に変換した変数を、**ダミー変数**と呼びます。

ここまでは、理論編として線形回帰の考え方について学びました。次項以降では、実践編として線形回帰を実際に行ってみます。実際にPythonを用いて線形回帰をする際は、ライブラリの関数が、処理の多くを担ってくれます。

次項では、さまざまな書籍やWebサイトでよく用いられている、ボストンの域別住宅価格データを用いて解析を行います。さらにその次の項では、国土交通省の土地総合情報システムが提供している、不動産取引価格情報取得APIを元に、東京都の実際の不動産価格データを用いて解析を行います。

実践編1（ボストン市内の地域別住宅価格データ）

scikit-learnは、さまざまな解析や前処理を行うことができるライブラリですが、解析を試すにはもってこいのサンプルデータも用意してくれています。

本項では、その中から、ボストン市内の地域別住宅価格データを用いて、線形回帰を行ってみましょう。ローカル上でJupyter Notebook、もしくはクラウド上にてGoogle Colaboratoryを起動してください。

まずは、必要なライブラリを読み込みます。

```
import numpy as np
import pandas as pd
import matplotlib.pyplot as plt
%matplotlib inline
import seaborn as sns
from sklearn.linear_model import LinearRegression
from sklearn.datasets import load_boston
```

データ処理用ライブラリとしてnumpyとpandas、可視化用ライブラリとしてmatplotlibとseabornをインポートしています。また、6行目で、scikit-learnに含まれる線形回帰用のライブラリを読み込んでいます。

```
from sklearn.linear_model import LinearRegression
```

そして、7行目では、scikit-learnに含まれるデータセットの中からボストン不動産価格データを読み込んでいます。

```
from sklearn.datasets import load_boston
```

`load_boston()`という関数でデータがロードされるので、`boston`という変数名でそれを格納します。

`boston.DESCR`でデータセットの詳細を確認することができます。

```
boston = load_boston()
print(boston.DESCR)
```

■ SECTION-009 ■ 線形回帰

● 実行結果

```
.. _boston_dataset:

Boston house prices dataset
---------------------------

**Data Set Characteristics:**

    :Number of Instances: 506

    :Number of Attributes: 13 numeric/categorical predictive. Median Value (attribute 14) is
usually the target.

    :Attribute Information (in order):
        - CRIM     per capita crime rate by town
        - ZN       proportion of residential land zoned for lots over 25,000 sq.ft.
        - INDUS    proportion of non-retail business acres per town
        - CHAS     Charles River dummy variable (= 1 if tract bounds river; 0 otherwise)
        - NOX      nitric oxides concentration (parts per 10 million)
        - RM       average number of rooms per dwelling
        - AGE      proportion of owner-occupied units built prior to 1940
        - DIS      weighted distances to five Boston employment centres
        - RAD      index of accessibility to radial highways
        - TAX      full-value property-tax rate per $10,000
        - PTRATIO  pupil-teacher ratio by town
        - B        1000(Bk - 0.63)^2 where Bk is the proportion of blacks by town
        - LSTAT    % lower status of the population
        - MEDV     Median value of owner-occupied homes in $1000's

    :Missing Attribute Values: None

    :Creator: Harrison, D. and Rubinfeld, D.L.

This is a copy of UCI ML housing dataset.
https://archive.ics.uci.edu/ml/machine-learning-databases/housing/


This dataset was taken from the StatLib library which is maintained at Carnegie Mellon
University.

The Boston house-price data of Harrison, D. and Rubinfeld, D.L. 'Hedonic
prices and the demand for clean air', J. Environ. Economics & Management,
vol.5, 81-102, 1978.   Used in Belsley, Kuh & Welsch, 'Regression diagnostics
...', Wiley, 1980.   N.B. Various transformations are used in the table on
pages 244-261 of the latter.
```

```
The Boston house-price data has been used in many machine learning papers that address regression
problems.

.. topic:: References

  - Belsley, Kuh & Welsch, 'Regression diagnostics: Identifying Influential Data and Sources
of Collinearity', Wiley, 1980. 244-261.
  - Quinlan,R. (1993). Combining Instance-Based and Model-Based Learning. In Proceedings on
the Tenth International Conference of Machine Learning, 236-243, University of Massachusetts,
Amherst. Morgan Kaufmann.
```

この説明から、次の14個の変数を持つデータであることがわかります。

- CRIM：犯罪発生率
- ZN：25,000平方フィート以上の宅地の割合
- INDUS：非小売業が占める面積の割合
- CHAS：チャールズ川に近ければ1、そうでなければ0
- NOX：一酸化窒素濃度
- RM：1住居の平均部屋数
- AGE：1940年以前に建設された物件の割合
- DIS：ボストン市にある5つの雇用センターまでの加重距離
- RAD：環状高速道路へのアクセスしやすさを示す指標
- TAX：10,000ドルに対する不動産税率
- PTRATIO：1教師あたりの生徒数
- B：黒人の比率。
- LSTAT：給与の低い職で働く人の割合
- MEDV：所有住宅価格の中央値（単位1000ドル）

これらのうち、最後のMEDV（住宅価格データ）は目的変数として、それ以外の13個は説明変数として用いることができそうです。

データの内容が理解できたところで、次はデータの中身を確認してみましょう。まずは、pandasのデータフレームで、データを読み込んでみます。

```
data_boston = pd.DataFrame(boston.data, columns=boston.feature_names)
data_boston['PRICE'] = boston.target
```

`boston.data`に説明変数として使えそうな13個のデータ、`boston.target`に MEDV が入っているので、それぞれ読み込みます。

pandasのデータオブジェクトは、`head()` 関数を使うと最初の5行を確認することができます。

```
print(data_boston.head())
```

● 実行結果

```
      CRIM    ZN  INDUS  CHAS    NOX  ...    TAX  PTRATIO       B  LSTAT  PRICE
0  0.00632  18.0   2.31   0.0  0.538  ...  296.0     15.3  396.90   4.98   24.0
1  0.02731   0.0   7.07   0.0  0.469  ...  242.0     17.8  396.90   9.14   21.6
2  0.02729   0.0   7.07   0.0  0.469  ...  242.0     17.8  392.83   4.03   34.7
3  0.03237   0.0   2.18   0.0  0.458  ...  222.0     18.7  394.63   2.94   33.4
4  0.06905   0.0   2.18   0.0  0.458  ...  222.0     18.7  396.90   5.33   36.2

[5 rows x 14 columns]
```

なお、`tail()`関数を使うと最後の5行を確認することができます（実行結果は省略します）。

```
print(data_boston.tail())
```

変数同士の関係を把握するには、可視化するのが手取り早いです。seabornライブラリに、`jointplot`という散布図とヒストグラムを同時に出力してくれる便利な関数があるので、こちらを使ってみましょう。

おそらく、部屋の数と住宅価格には相関があると考えられるため、**RM**と**PRICE**を引数に入れてみます。

```
sns.jointplot('RM', 'PRICE', data=data_boston)
```

すると、次のようなグラフが生成されます。

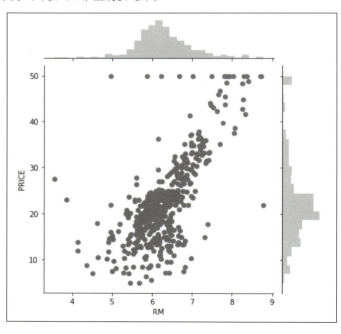

部屋の数が増えるほど、住宅価格が上昇しています。直感と合った結果になりました。

さまざまな変数同士の関係を確認したい場合は、同じくSeabornライブラリの `pairplot` 関数を用いると簡単に可視化できます。

```
sns.pairplot(data_boston, vars=["PRICE", "RM", "DIS"])
```

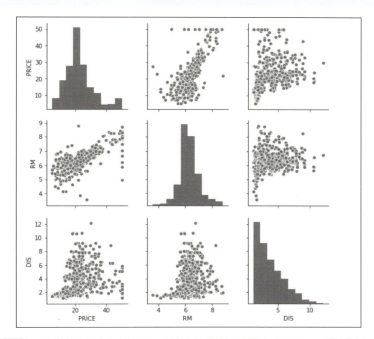

`vars`という引数には、可視化したい列名をリスト形式で与えてください。例に挙げた変数以外で、いろいろな組み合わせで可視化をし、傾向をつかんでみましょう。

▶ 単回帰分析

本題の線形回帰を行いましょう。とりあえず、説明変数には RM（1住居の平均部屋数）のみを指定してみます。

つまり、y を地域における住宅価格の中央値、x を地域の平均部屋数としたとき、次のような式のパラメータ（w_1, w_0）を求めます。

$$y = w_1 x + w_0$$

まずは、下記を実行し、scikit-learnの線形回帰用のインスタンスを生成します。

```
lr = LinearRegression()
```

■ SECTION-009 ■ 線形回帰

次に、説明変数、目的変数をそれぞれ指定し、`fit()` という関数を実行するだけです。

```
x_column_list = ['RM']
y_column_list = ['PRICE']

data_boston_x = data_boston[x_column_list]
data_boston_y = data_boston[y_column_list]

lr.fit(data_boston_x, data_boston_y)
```

これだけで、線形回帰(ここでは説明変数が1つなので単回帰)におけるパラメータ学習が完了しました。非常に簡単に実行することができます。

学習されたパラメータの値は、下記で確認することができます。

```
print(lr.coef_)
print(lr.intercept_)
```

●実行結果

```
[[9.10210898]]
[-34.67062078]
```

`coef_` は前述した式の w_1 に該当し、`intercept_` は同じく前述した式の w_0 に該当します。

この結果から、地域の平均部屋数が1部屋増加するごとに、地域の住宅価格中央値は大体9000ドル程度増加する、という示唆を得ることができます。

▶ 重回帰分析

単回帰で `LinearRegression()` を使った処理の流れがつかめたところで、次は重回帰に挑戦してみましょう。

```
lr_multi = LinearRegression()

x_column_list_for_multi = ['CRIM', 'ZN', 'INDUS', 'CHAS', 'NOX',
                           'RM', 'AGE', 'DIS', 'RAD', 'TAX', 'PTRATIO', 'B', 'LSTAT']
y_column_list_for_multi = ['PRICE']

data_boston_x = data_boston[x_column_list_for_multi]
data_boston_y = data_boston[y_column_list_for_multi]

lr_multi.fit(data_boston_x, data_boston_y)
```

説明変数のリストに13個すべてを含め、同じく `fit()` 関数を使って学習します。パラメータの値を確認すると、次のような結果になりました。

```
print(lr_multi.coef_)
print(lr_multi.intercept_)
```

●実行結果

```
[[-1.08011358e-01  4.64204584e-02  2.05586264e-02  2.68673382e+00
  -1.77666112e+01  3.80986521e+00  6.92224640e-04 -1.47556685e+00
   3.06049479e-01 -1.23345939e-02 -9.52747232e-01  9.31168327e-03
  -5.24758378e-01]]
[36.45948839]
```

`CRIM` に関するパラメータが `-1.08011358e-01`、`ZN` に関するパラメータが `4.64204584e-02`、`INDUS` に関するパラメータが `2.05586264e-02` ……というようにそれぞれ対応しています。

なお、「e-01」や「e-03」はそれぞれ、10^{-1} や 10^{-3} をかけることを意味しています。つまり、-1.08011358e-01は -0.108011358、そして9.31168327e-03は、0.00931168327 を表します。また逆に、「e+01」や「e+02」はそれぞれ、10^{1} や 10^{2} をかけることを意味しています。

この結果から、次の示唆を得ることができます。

- CRIMが1単位増加すると、つまり犯罪発生率が1%増加すると住宅価格中央値は108ドル程度、下がる
- RMが1単位増加すると、つまり平均部屋数が1部屋増加すると地域の住宅価格中央値は大体3810ドル程度、増加する
- PTRATIOが1単位増加すると、つまり1人の教師に対する生徒数が1人増えると住宅価格中央値は953ドル程度、下がる

おおよそ直感と合った結果となっています。犯罪率が上がると住宅価格は下がるだろう、ということは事前になんとなくわかっていても、ではどの程度、価格に影響を与えるのか、という具体的な数値まで計算できるのが線形回帰のよいところです。

▶ 予測

パラメータの学習が完了すると、そのパラメータ情報を使って、目的変数がどんな値になるか予測を行うことができます。

まずは、学習に用いるデータと、予測に用いるデータに分割してみます。データ分割に便利な、`train_test_split` という関数があるため、こちらを使います。

```
from sklearn.model_selection import train_test_split

X_train, X_test, y_train, y_test = train_test_split(
    data_boston_x, data_boston_y, test_size=0.3)
```

1行目では、必要な関数を読み込んでいます。`train_test_split()` では、分割したいデータと、どのぐらいの割合でデータを分割したいかを `test_size` 引数に与えます。

ここでは、説明変数データと目的変数データをそれぞれ、7:3の割合で学習用と予測用に分割しています。

■ SECTION-009 ■ 線形回帰

　なお、ランダムにデータを分割するため、次に実行すると、分割のされ方が変わってしまいます。再現性のある分割をしたい場合は、次のように、`random_state`という引数に整数値を与えてください。次回の実行時に、同じ値を`random_state`に与えることで、同じ結果を得ることができます。

```
X_train, X_test, y_train, y_test = train_test_split(
    data_boston_x, data_boston_y, test_size=0.3, random_state=123)
```

　本当にその割合で分割できているか確認するため、下記を実行しましょう。

```
print(X_train.shape)
print(X_test.shape)
print(y_train.shape)
print(y_test.shape)
```

●実行結果

```
(354, 13)
(152, 13)
(354, 1)
(152, 1)
```

　学習用には354のデータ、予測用には152のデータがあり、ちゃんと7:3に分割できているようです。
　学習用のデータを使って、まずはパラメータを求めましょう。

```
lr_multi2 = LinearRegression()

lr_multi2.fit(X_train, y_train)
print(lr_multi2.coef_)
print(lr_multi2.intercept_)
```

●実行結果

```
[[-1.08256303e-01  3.35044193e-02 -8.90886700e-03  3.40880589e+00
  -1.71877918e+01  3.35530861e+00  7.76702826e-03 -1.42666527e+00
   3.00906394e-01 -1.13871403e-02 -9.72852854e-01  1.05001707e-02
  -5.37968846e-01]]
[38.63739519]
```

　前回、すべてのデータを使ってパラメータを求めた際と少し結果が異なっていますが、大きな変化はありません。
　では、次にこちらのパラメータを使って、住宅価格を予測してみます。予測には、`predict()`関数を用います。

```
y_pred = lr_multi2.predict(X_test)
```

`fit()` を使う際は引数に説明変数と目的変数を与えましたが、`predict()` では説明変数のデータのみ与えます。

152のデータそれぞれに、予測結果が生成されています。結果を出力して確認してみましょう。

```
print(Y_pred)
```

なお、学習がうまくできていれば、先ほど作った `y_test` と `y_pred` の値は近くなるはずです。つまり、差をとると152のデータそれぞれは0に近づくはずです。

実際に差が0に近い値になっているか、下記を実行して確認してみましょう。

```
print(y_pred-y_test)
```

●実行結果

```
        PRICE
186  -14.533740
128    0.932651
228  -11.868123
192   -4.020497
253  -13.825528
103    1.408921
326    0.769229
394    5.722519
399    4.704550
13    -0.423865
335   -0.219330
...
（省略）
```

大きく外しているデータもありますが、差が1以下になっているもの（1単位が1000ドルなので、1000ドル以下）もあり、ある程度、予測が当たっていそうです。

▶ MAE

回帰分析に当てはまり度合いを測る指標に、**MAE**というものがあります。CHAPTER 06章で詳しく解説しますが、MAEはその値が小さくなるほど、良いモデルであると判断されます。

説明変数を追加している分、単回帰よりも重回帰の方が良いモデルに思えそうですが、本当にそうなのか、実際にMAEを計算して確認してみましょう。

まずは、MAEを計算する用の関数を読み込みます。

```
from sklearn.metrics import mean_absolute_error
```

■ SECTION-009 ■ 線形回帰

単回帰で学習したパラメータをもとに、MAEを計算すると下記のようになります。

```
x_column_list = ['RM']
y_column_list = ['PRICE']

X_train, X_test, y_train, y_test = train_test_split(
    data_boston[x_column_list], data_boston[y_column_list], test_size=0.3)

lr_single = LinearRegression()

lr_single.fit(X_train, y_train)
y_pred = lr_single.predict(X_test)

print(mean_absolute_error(y_pred, y_test))
```

● 実行結果

```
4.772789744691955
```

`mean_absolute_error()` の引数に、予測値と実際の値を引数に与えるだけで計算してくれます。単回帰によるMAEの値は、4.7728...という結果となりました。

続いて、重回帰で学習したパラメータをもとに、MAEを計算してみます。

```
x_column_list_for_multi = ['CRIM', 'ZN', 'INDUS', 'CHAS', 'NOX',
                           'RM', 'AGE', 'DIS', 'RAD', 'TAX', 'PTRATIO', 'B', 'LSTAT']
y_column_list_for_multi = ['PRICE']

X_train, X_test, y_train, y_test = train_test_split(
    data_boston[x_column_list_for_multi], data_boston[y_column_list_for_multi], test_size=0.3)

lr_multi2 = LinearRegression()

lr_multi2.fit(X_train, y_train)
y_pred = lr_multi2.predict(X_test)

print(mean_absolute_error(y_pred, y_test))
```

● 実行結果

```
3.504899328160131
```

重回帰によるMAEの値は、3.5049...という結果となりました。重回帰の方が、MAEの値が小さいため、(あくまでMAEを評価指標と設定した場合は) 良いモデルであると考えられます。

変数が13個あるため、いろいろなパターンで説明変数を生成し、MAEが最も小さくなるのはどんな変数の組み合わせか、確認してみてください。ただし、学習用データ・予測用データの分割の仕方によっても結果は変わってくるので、注意してください。

実践編2（東京都の不動産価格データ）

前項では、事前に用意されたデータを使って、線形回帰を行いました。本項では、実際にデータを取得するところから行ってみましょう。

国土交通省の土地総合情報システムが提供している、東京都の実際の不動産価格データを使って線形回帰を行います。データは、不動産取引価格情報取得APIというAPIからJSON形式で、もしくは土地総合情報システムのWebサイトからCSV形式で取得することができます。

各不動産について、下記の情報などを取得することができます。

- 地域
- 間取り
- 面積
- 建築年
- 最寄駅名（APIでは提供されていない）
- 最寄駅からの距離（APIでは提供されていない）
- 取引価格

取引価格を目的変数に、それ以外を説明変数にして、分析を行います。
APIからJSON形式で、WebサイトからCSV形式で、それぞれ取得する方法を紹介します。

▶ APIによるデータ取得

APIについては、下記のサイトに、データの説明や取得方法が紹介されています。詳しくは下記のサイトをご覧ください。

URL　https://www.land.mlit.go.jp/webland/api.html

`https://www.land.mlit.go.jp/webland/api/TradeListSearch` の後ろに、取引時期や都道府県コード、駅コードなどのパラメータを指定することで、該当する不動産取引データを取得することができます。

たとえば、`https://www.land.mlit.go.jp/webland/api/TradeListSearch?from=20142&to=20153&area=10` のURLにアクセスすると、群馬県で2014年第2四半期から2015年第3四半期までに取引された不動産情報を取得することができます。

実際に、上記のURLをブラウザに入力してみましょう。次のように、データが大量に取得できていることがわかります。

■SECTION-009 ■線形回帰

なお、結果はJSONというデータ形式で返ってきます。そのため、JSON形式のデータを、扱いやすいようにPandasに整形する必要があります。

ローカル上でJupyter Notebook、もしくはクラウド上にてGoogle Colaboratoryを起動してください。まずは、必要なライブラリを読み込みましょう。

```
import numpy as np
import matplotlib.pyplot as plt
import pandas as pd
import random
%matplotlib inline
import seaborn as sns
from sklearn.linear_model import LinearRegression
from sklearn.model_selection import train_test_split

import requests
import json
import re
```

前半は、69ページでも用いたライブラリなので説明は省略します。URLにアクセスしてデータを取得するためのライブラリとしてrequests、JSONデータを整形するライブラリとしてjson、正規表現を用いた文字列操作するライブラリとして、reを読み込みます。

紹介する下記の例では、東京都で2017年第1四半期から2018年第4四半期までに取引された不動産情報を取得して、分析を行うことにします。取得する期間や地域によって、結果も当然、変わってきます。好きなパラメータを与えて、データを取得してみましょう。

```
url_path = "https://www.land.mlit.go.jp/webland/api/TradeListSearch?from=20171&to=20184&area=13"
request_result = requests.get(url_path)
data_json = request_result.json()["data"]
```

`requests.get()`関数の引数にURLを与えることで、APIからデータを取得することができます。

■SECTION-009 ■線形回帰

どれくらいの取引データが取得できたか確認してみます。

```
print(len(data_json))
```

●実行結果
```
58532
```

全部で、58532個の情報を取得することができました。試しに、それぞれどんなデータか確認してみましょう。

```
print(data_json[0])
```

●実行結果
```
{'Type': '中古マンション等', 'MunicipalityCode': '13101', 'Prefecture': '東京都', 'Municipality':
'千代田区', 'DistrictName': '飯田橋', 'TradePrice': '13000000', 'FloorPlan': '１Ｋ', 'Area': '20',
'BuildingYear': '昭和57年', 'Structure': 'ＳＲＣ', 'Purpose': '住宅', 'CityPlanning': '商業地域',
'CoverageRatio': '80', 'FloorAreaRatio': '700', 'Period': '2018年第３四半期', 'Renovation': '未改
装'}
```

リストのそれぞれの要素に、辞書形式でデータが入っています。これを、扱いやすいようにPandasのDataFrame形式に変換してあげましょう。一見すると面倒そうな処理ですが、`pandas.io.json.json_normalize()` 関数を使うことで、一発で変換することができます。

```
data_pd = pd.io.json.json_normalize(data_json)
print(data_pd.shape)
```

●実行結果
```
(58532, 27)
```

```
print(data_pd.head(10))
```

●実行結果
```
  Area Breadth  BuildingYear  ...           Type UnitPrice            Use
0   20     NaN        昭和57年   ...    中古マンション等       NaN            NaN
1   80     8.0        昭和61年   ...    宅地(土地と建物)      NaN  住宅、事務所、店舗
2   30     NaN        昭和60年   ...    中古マンション等       NaN            NaN
3   70     NaN        昭和59年   ...    中古マンション等       NaN            NaN
4   25     NaN        昭和60年   ...    中古マンション等       NaN            住宅
5   70     NaN        平成19年   ...    中古マンション等       NaN            住宅
6   45     NaN        昭和57年   ...    中古マンション等       NaN            住宅
7   55     NaN        昭和59年   ...    中古マンション等       NaN            NaN
8   20     NaN        平成15年   ...    中古マンション等       NaN            NaN
9   45     NaN        平成24年   ...    中古マンション等       NaN            住宅

[10 rows x 27 columns]
```

■ SECTION-009 ■ 線形回帰

なお、各列の意味は下表を参照してください。

列	意味
Type	取引の種類
Region	地区
MunicipalityCode	市区町村コード
Prefecture	都道府県名
Municipality	市区町村名
DistrictName	地区名
NearestStation	最寄駅:名称
TimeToNearestStation	最寄駅:距離(分)
TradePrice	取引価格(総額)
PricePerUnit	坪単価
FloorPlan	間取り
Area	面積(平方メートル)
UnitPrice	取引価格(平方メートル単価)
LandShape	土地の形状
Frontage	間口
TotalFloorArea	延床面積(平方メートル)
BuildingYear	建築年
Structure	建物の構造
Use	用途
Purpose	今後の利用目的
Direction	前面道路:方位
Classification	前面道路:種類
Breadth	前面道路:幅員(m)
CityPlanning	都市計画
CoverageRatio	建ぺい率(%)
FloorAreaRatio	容積率(%)
Period	取引時点
Renovation	改装
Remarks	取引の事情など

※参照元:https://www.land.mlit.go.jp/webland/api.html

公式サイトの情報によると、最寄駅に関する情報も取得できるはずですが、結果を見ると、取得できていないようです。

▶CSVファイルでデータ取得

次に、土地総合情報システムのWebサイトから、直接、CSVファイル形式でダウンロードする方法を紹介します。

こちらはとても簡単で、下記のサイトで取引時期・都道府県や市区町村を指定するだけです。

URL https://www.land.mlit.go.jp/webland/download.html

試しに、2017年第1四半期から2018年第4四半期で、東京都で取引された不動産情報を取得してみます。次のように指定し、「ダウンロード」ボタンを押してください。

約13MBのCSVファイルがダウンロードされました。

中身を確認すると、こちらは最寄駅情報もしっかり入っているようです。

できれば、APIを使った方が楽なのですが、取得できるデータの違いの都合上、今回はCSVファイルを一度ダウンロードして分析を行う方針で進みましょう。

SECTION-009 線形回帰

では、再度Jupyter NotebookやGoogle Colaboratoryなどを起動し、下記を実行してファイルを読み込みましょう。ただし、ファイルのパスはそれぞれの環境にあった内容で書き換えてください。なお、Google Colaboratory を使用している場合、CHAPTER 01を参考にファイルをアップロードした後に実行してください。

```
data_from_csv = pd.read_csv("13_Tokyo_20171_20184.csv", encoding='cp932')
print(data_from_csv.shape)
```

◉実行結果

```
(58532, 30)
```

58532の取引情報が取得できました。先ほどAPIから取得したデータと比べると、多少変数に違いがあるため列数は異なりますが、行数(取引数)は一致しています。

試しに、それぞれどんなデータか確認してみましょう。

```
print(data_from_csv.iloc[0])
```

◉実行結果

```
No                        1
種類                  中古マンション等
地域                       NaN
市区町村コード                13101
都道府県名                   東京都
市区町村名                   千代田区
地区名                     飯田橋
最寄駅:名称                  飯田橋
最寄駅:距離(分)                 4
取引価格(総額)           13000000
坪単価                      NaN
間取り                      １Ｋ
面積(㎡)                    20
取引価格(㎡単価)                NaN
土地の形状                    NaN
間口                       NaN
延床面積(㎡)                  NaN
建築年                    昭和57年
建物の構造                   ＳＲＣ
用途                       NaN
今後の利用目的                  住宅
前面道路:方位                  NaN
前面道路:種類                  NaN
前面道路:幅員(m)               NaN
都市計画                    商業地域
建ぺい率(%)                   80
容積率(%)                   700
```

■ SECTION-009 ■ 線形回帰

```
取引時点            2018年第3四半期
改装                未改装
取引の事情等                 NaN
Name: 0, dtype: object
```

```
print(data_from_csv.head(10))
```

◉ 実行結果

```
   No        種類       地域  市区町村コード 都道府県名  ...  建ぺい率(%) 容積率(%)    取引時点
改装    取引の事情等
0   1    中古マンション等     NaN    13101   東京都   ...     80.0   700.0  2018年第3四半期   未改装
NaN
1   2   宅地(土地と建物)    商業地    13101   東京都   ...     80.0   500.0  2018年第2四半期    NaN
NaN
2   3    中古マンション等     NaN    13101   東京都   ...     80.0   700.0  2018年第2四半期   未改装
NaN
3   4    中古マンション等     NaN    13101   東京都   ...     80.0   600.0  2018年第2四半期   未改装
NaN
4   5    中古マンション等     NaN    13101   東京都   ...     80.0   700.0  2018年第2四半期   未改装
NaN
5   6    中古マンション等     NaN    13101   東京都   ...     80.0   500.0  2018年第2四半期   未改装
NaN
6   7    中古マンション等     NaN    13101   東京都   ...     80.0   700.0  2018年第1四半期   改装済
NaN
7   8    中古マンション等     NaN    13101   東京都   ...     80.0   600.0  2017年第4四半期   改装済
NaN
8   9    中古マンション等     NaN    13101   東京都   ...     80.0   500.0  2017年第4四半期   未改装
NaN
9  10    中古マンション等     NaN    13101   東京都   ...     80.0   500.0  2017年第3四半期   未改装
NaN

[10 rows x 30 columns]
```

▶ データ整形

「種類」という列に、どんな不動産なのかの情報が入っています。下記を実行すると、ユニークな値を抽出してくれます。

```
print(data_from_csv["種類"].unique())
```

◉ 実行結果

```
['中古マンション等' '宅地(土地と建物)' '宅地(土地)' '林地' '農地']
```

5種類の不動産情報を含んでいることがわかりました。それぞれの種類で、最適なモデルは変わってきそうなので、今回は"中古マンション"に限定して分析をしてみましょう。

次ページのコードを実行し、中古マンションデータのみを抽出しましょう。

■ SECTION-009 ■ 線形回帰

```
data_used_apartment = data_from_csv.query('種類 == "中古マンション等"')
print(data_used_apartment.shape)
```

◉実行結果

```
(29115, 30)
```

なお、値が欠損している場合は、NaNとなっています。NaNのデータはそのまま扱えないので、削除したり、別の値で置換する必要があります。どちらにせよ、あまりに欠損が多い場合は分析することが難しいため、どの程度あるのか、確認してみましょう。

pandasには、`isnull()` という要素ごとにNaNかどうか判定してくれる関数があるのでこちらを使います。また、`sum()` を使うと、列ごとに何個NaNがあるかカウントしてくれます。

```
print(data_used_apartment.isnull().sum())
```

◉実行結果

```
No                      0
種類                      0
地域                  29115
市区町村コード                 0
都道府県名                   0
市区町村名                   0
地区名                     0
最寄駅:名称                  1
最寄駅:距離(分)              32
取引価格(総額)                0
坪単価                 29115
間取り                  1170
面積(㎡)                   0
取引価格(㎡単価)           29115
土地の形状               29115
間口                  29115
延床面積(㎡)             29115
建築年                   811
建物の構造                 555
用途                   7649
今後の利用目的              1364
前面道路:方位             29115
前面道路:種類             29115
前面道路:幅員(m)          29115
都市計画                  310
建ぺい率(%)               387
容積率(%)                387
取引時点                    0
改装                   3449
取引の事情等              28870
dtype: int64
```

■ SECTION-009 ■ 線形回帰

面積や取引価格(総額)などは欠損値がないですが、坪単価や取引価格(㎡単価)などはほとんど欠損しています。

欠損状況を考慮し、今回は次を説明変数として用いることにしました。

- 最寄駅:距離(分)
- 間取り
- 面積(㎡)
- 建築年
- 建物の構造
- 建ぺい率(%)
- 容積率(%)
- 市区町村名

下記を実行して、新しくデータを作成しましょう。

```
columns_name_list = ["最寄駅:距離(分)", "間取り", "面積(㎡)", "建築年",
                     "建物の構造", "建ぺい率(%)", "容積率(%)", "市区町村名", "取引価格(総額)"]

data_selected = data_used_apartmen=[columns_name_list]
print(data_selected.shape)

data_selected_dropna = data_selected.dropna(how='any')   # 1つでもNaNデータを含む行を削除
print(data_selected_dropna.shape)
print(data_selected_dropna.iloc[0])
```

◉実行結果

```
(29115, 9)
(26775, 9)
最寄駅:距離(分)            4
間取り                 １Ｋ
面積(㎡)               20
建築年              昭和57年
建物の構造             ＳＲＣ
建ぺい率(%)            80
容積率(%)            700
市区町村名             千代田区
取引価格(総額)     13000000
Name: 0, dtype: object
```

建築年はこのままでは文字列なので、築年数という数値データに修正すると扱いやすくなります。また、間取り、建物の構造、市区町村名はダミー変数として、`0`もしくは`1`をとるように変更しましょう。

■SECTION-009 ■ 線形回帰

まず、建築年を築年数に変更する手続きですが、次の流れで進めます。
- 建築年を西暦データに修正
- 2019から建築年を引き、築年数データに修正

なお、建築年を確認すると、平成と昭和の他に、"戦前"というデータがあります。

```
print(data_selected_dropna["建築年"].unique())
```

◉実行結果

```
array(['昭和57年', '昭和60年', '昭和59年', '平成19年', '平成15年', '平成24年', '平成11年',
       '平成16年', '平成9年', '昭和45年', '昭和51年', '昭和47年', '昭和52年', '平成21年',
       '平成13年', '平成25年', '平成18年', '平成17年', '平成12年', '平成14年', '昭和56年',
       '平成27年', '平成26年', '昭和54年', '昭和55年', '平成20年', '平成28年', '平成10年',
       '平成23年', '昭和53年', '昭和63年', '昭和50年', '平成4年', '平成29年', '昭和46年',
       '昭和44年', '昭和61年', '平成22年', '昭和58年', '平成8年', '平成3年', '昭和48年',
       '昭和49年', '平成6年', '平成7年', '平成5年', '平成30年', '昭和64年', '昭和39年',
       '昭和28年', '平成2年', '昭和35年', '昭和41年', '昭和43年', '昭和62年', '昭和24年',
       '昭和40年', '昭和25年', '昭和42年', '昭和38年', '昭和37年', '昭和36年', '戦前',
       '昭和30年'], dtype=object)
```

何年と考えるべきかわからないので、「戦前」は省いてしましょう。

下記を実行して、建築年を築年数として新しい変数に変換しましょう。処理内容はコメントに書いてある通りです。

```
data_selected_dropna = data_selected_dropna[data_selected_dropna["建築年"].str.match(
    '^平成|昭和')]

wareki_to_seireki = {'昭和': 1926-1, '平成': 1989-1}

building_year_list = data_selected_dropna["建築年"]

building_age_list = []
for building_year in building_year_list:
    # 昭和○年 → 昭和, ○ に変換、平成○年 → 平成, ○ に変換
    building_year_split = re.search(r'(.+?)([0-9]+|元)年', building_year)
    # 西暦に変換
    seireki = wareki_to_seireki[building_year_split.groups()[0]] + \
    int(building_year_split.groups()[1])
    
    building_age = 2019 - seireki   # 築年数に変換
    building_age_list.append(building_age)

data_selected_dropna["築年数"] = building_age_list   # 新しく、築年数列を追加
# もう使わないので、建築年列は削除
data_added_building_age = data_selected_dropna.drop("建築年", axis=1)
```

```
print(data_added_building_age.head())
```

　ダミー変数化ですが、pandasには専用の `get_dummies()` 関数を使うと、簡単に実現できます。ダミー変数化したものを追加し、最終的なデータセットを作成しましょう。

```
# ダミー変数化しないもののリスト
columns_name_list = ["最寄駅:距離(分)", "面積(㎡)", "築年数",
                     "建ぺい率(%)", "容積率(%)", "取引価格(総額)"]
# ダミー変数リスト
dummy_list = ["間取り", "建物の構造", "市区町村名"]

# ダミー変数を追加
data_added_dummies = pd.concat([data_added_building_age[columns_name_list], pd.get_dummies(
    data_added_building_age[dummy_list], drop_first=True)], axis=1)

print(data_added_dummies.shape)
print(data_added_dummies.iloc[0])
```

◉実行結果

```
(26772, 87)
最寄駅:距離(分)               4
面積(㎡)                  20
築年数                    36
建ぺい率(%)                80
容積率(%)                700
取引価格(総額)         13000000
間取り_スタジオ                0
間取り_１ＤＫ                 0
間取り_１ＤＫ＋Ｓ               0
間取り_１Ｋ                  1
間取り_１Ｋ＋Ｓ                0
間取り_１ＬＤＫ                0
間取り_１ＬＤＫ＋Ｓ              0
間取り_１Ｒ                  0
間取り_２ＤＫ                 0
間取り_２ＤＫ＋Ｓ               0
間取り_２Ｋ                  0
間取り_２Ｋ＋Ｓ                0
間取り_２ＬＤＫ                0
間取り_２ＬＤＫ＋Ｓ              0
間取り_３ＤＫ                 0
間取り_３ＤＫ＋Ｓ               0
間取り_３Ｋ                  0
間取り_３ＬＤＫ                0
間取り_３ＬＤＫ＋Ｋ              0
間取り_３ＬＤＫ＋Ｓ              0
```

■ SECTION-009 ■ 線形回帰

```
間取り_3LK                0
間取り_4DK                0
間取り_4K                 0
間取り_4LDK               0
                       ...
市区町村名_日野市              0
市区町村名_昭島市              0
市区町村名_杉並区              0
市区町村名_東久留米市            0
市区町村名_東大和市             0
市区町村名_東村山市             0
市区町村名_板橋区              0
市区町村名_武蔵村山市            0
市区町村名_武蔵野市             0
市区町村名_江戸川区             0
市区町村名_江東区              0
市区町村名_清瀬市              0
市区町村名_渋谷区              0
市区町村名_港区               0
市区町村名_狛江市              0
市区町村名_町田市              0
市区町村名_目黒区              0
市区町村名_福生市              0
市区町村名_稲城市              0
市区町村名_立川市              0
市区町村名_練馬区              0
市区町村名_羽村市              0
市区町村名_荒川区              0
市区町村名_葛飾区              0
市区町村名_西多摩郡瑞穂町          0
市区町村名_西東京市             0
市区町村名_調布市              0
市区町村名_豊島区              0
市区町村名_足立区              0
市区町村名_青梅市              0
Name: 0, Length: 87, dtype: object
```

　ダミー変数化したことで、87個の変数まで増えました。
　CSVファイルからデータを読み込むと、数値データとなっていてほしいところが文字列になってしまっていることがあります。意図した変数になっているか、下記を実行して確認してみます。

```
print(data_added_dummies.dtypes)
```

◉ 実行結果

```
最寄駅:距離(分)    object
面積(㎡)         object
築年数           int64
建ぺい率(%)       float64
容積率(%)        float64
取引価格(総額)      int64
オープンフロア       uint8
スタジオ          uint8
１ＤＫ           uint8
１ＤＫ＋Ｓ         uint8
１Ｋ            uint8
１Ｋ＋Ｓ          uint8
１ＬＤＫ          uint8
１ＬＤＫ＋Ｓ        uint8
１Ｒ            uint8
２ＤＫ           uint8
２ＤＫ＋Ｓ         uint8
２Ｋ            uint8
２Ｋ＋Ｓ          uint8
２ＬＤＫ          uint8
２ＬＤＫ＋Ｓ        uint8
３ＤＫ           uint8
３ＤＫ＋Ｓ         uint8
３Ｋ            uint8
３ＬＤＫ          uint8
３ＬＤＫ＋Ｋ        uint8
３ＬＤＫ＋Ｓ        uint8
３ＬＫ           uint8
４ＤＫ           uint8
４Ｋ            uint8
              ...
日野市           uint8
昭島市           uint8
杉並区           uint8
東久留米市         uint8
東大和市          uint8
東村山市          uint8
板橋区           uint8
武蔵村山市         uint8
武蔵野市          uint8
江戸川区          uint8
江東区           uint8
清瀬市           uint8
渋谷区           uint8
港区            uint8
狛江市           uint8
```

SECTION-009 線形回帰

```
町田市              uint8
目黒区              uint8
福生市              uint8
稲城市              uint8
立川市              uint8
練馬区              uint8
羽村市              uint8
荒川区              uint8
葛飾区              uint8
西多摩郡瑞穂町         uint8
西東京市             uint8
調布市              uint8
豊島区              uint8
足立区              uint8
青梅市              uint8
Length: 90, dtype: object
```

「面積(㎡)」と「最寄駅:距離(分)」が文字列となっているようです。

下記のように、**astype()** 関数を使って変換しましょう。なお、「最寄駅:距離(分)」を確認すると、「2H?」など不確定なデータが入っていたため、それも同時に除いています。

```
data_added_dummies["面積(㎡)"] = data_added_dummies["面積(㎡)"].astype(float)
data_added_dummies = data_added_dummies[~data_added_dummies['最寄駅:距離(分)'].str.contains('\?')]
data_added_dummies["最寄駅:距離(分)"] = data_added_dummies["最寄駅:距離(分)"].astype(float)
```

長かったですが、これで必要なデータ整形は完了しました。これより、単回帰分析や重回帰分析を実際に行ってみますが、ぜひ、データの取得条件(期間や地域)や変数を変えたりして、オリジナルの解析をしてみましょう。

▶ 単回帰分析

価格がどのような分布になっているか、一度、可視化してみましょう。**plt.hist()** で、ヒストグラムを出力してくれます。

```
plt.hist(data_added_dummies["取引価格(総額)"])
plt.show()
```

■ SECTION-009 ■ 線形回帰

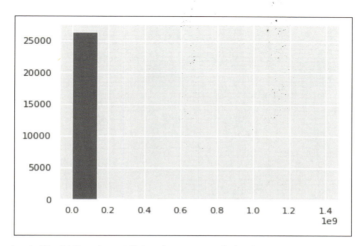

どうやら、極端に価格が高い不動産があるせいで、非常に偏ったグラフが出力されました。6000万円未満の不動産に絞り、再度ヒストグラムを生成してみます。

```
tmp_data = data_added_dummies[data_added_dummies["取引価格(総額)"] < 60000000]
print(tmp_data.shape)
plt.hist(tmp_data["取引価格(総額)"])
plt.show()
```

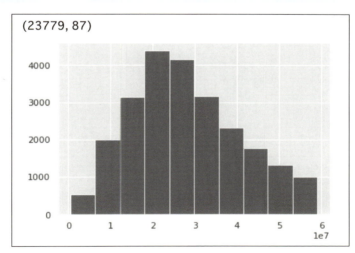

少し偏っていますが、正規分布に近い結果になりました。

おそらく、価格が極端に大きい不動産に対し、同じモデルを適用させるのは不適切と考えられるため、今回6000万円以下のデータに絞って線形回帰を用います。

```
data_added_dummies = data_added_dummies[data_added_dummies["取引価格(総額)"] < 60000000]
```

■ SECTION-009 ■ 線形回帰

単回帰分析について、ボストンのデータで行ったときと処理は同様なので、解説は省略します。

```
lr = LinearRegression()

x_column_list = ['面積(㎡)']
y_column_list = ['取引価格(総額)']

x = data_added_dummies[x_column_list]
y = data_added_dummies[y_column_list]

lr.fit(x, y)

print(lr.coef_)
print(lr.intercept_)
```

● 実行結果
```
[[343720.21991848]]
[13168993.85931424]
```

この結果から、部屋面積が$1m^2$増加するごとに、343720円(約34万円)程度、取引価格が増加する、という示唆を得ることができます。1つの説明変数だけなので、相当粗いですが、直感に合った結果となりました。

▶ 重回帰分析

続いて、重回帰分析を行います。まず、目的変数と説明変数にデータを分割します。

```
x = data_added_dummies.drop("取引価格(総額)", axis=1)
y = data_added_dummies["取引価格(総額)"]

print(x.head())
print(y.head())
```

● 実行結果
```
   最寄駅:距離(分)  面積(㎡)  築年数  建ぺい率(%)  ...  市区町村名_調布市  市区町村名_豊島区  市区町村名_足立区  市区町村名_青梅市
0         4.0   20.0   36     80.0   ...          0          0          0          0
2         3.0   30.0   33     80.0   ...          0          0          0          0
4         3.0   25.0   33     80.0   ...          0          0          0          0
6         4.0   45.0   36     80.0   ...          0          0          0          0
8         5.0   20.0   15     80.0   ...          0          0          0          0

[5 rows x 86 columns]
0    13000000
2    22000000
4    21000000
```

```
6     45000000
8     19000000
Name: 取引価格（総額）, dtype: int64
```

続いて、下記を実行します。

```
lr_multi = LinearRegression()
lr_multi.fit(x, y)

print(lr_multi.coef_)
print(lr_multi.intercept_)
```

● 実行結果

```
[-3.20328974e+05  3.84355942e+05 -4.44436965e+05 -2.81332378e+04
  4.33329337e+03  4.31411808e+06  3.74315588e+06  1.82375500e+06
  6.85848628e+05  3.16474482e+06  7.71811706e+06  9.28678586e+06
  6.03505369e+05  6.17348478e+06  7.82405186e+06  4.61271954e+06
  7.53394711e+06  9.06074576e+06  6.47824483e+06  4.86419262e+06
  9.51870477e+05  4.61535815e+06  7.23944005e+06  6.37210906e-06
  5.92256910e+06  4.76562944e+06  8.82394626e+04  6.93082754e+06
  5.20419776e+06 -1.02035490e+07 -1.45773336e+05  6.93023511e+06
  6.98059121e+06  1.44572390e+07  7.10126300e+06  5.69822790e+06
  7.33549039e+06  3.21427343e+07  3.45563792e+07  3.46232216e+07
  3.26327299e+07  1.46984541e+07  2.89893566e+07  3.55580616e+07
  2.99590526e+07  3.38385556e+07  2.59034935e+07  2.60820560e+07
  2.94724334e+07  1.70861522e+07  3.02014015e+07  1.82170123e+07
  2.73769958e+07  2.22650992e+07  3.40685571e+07  3.45513346e+07
  1.77486381e+07  1.30391711e+07  3.26312184e+07  1.89635286e+07
  1.31594207e+07  1.45485455e+07  2.66382127e+07  1.05396600e+07
  3.46914203e+07  2.48851322e+07  3.06014849e+07  1.80347720e+07
  3.83920409e+07  3.94866588e+07  2.68571909e+07  1.77562105e+07
  3.92255287e+07  1.22572345e+07  1.79592503e+07  2.12557509e+07
  2.86908542e+07  1.10998144e+07  2.66073658e+07  2.29035100e+07
  9.51028625e+06  2.20306653e+07  2.67231449e+07  3.23593091e+07
  2.07340867e+07  9.55405604e+06]
-18267287.678231757
```

変数が多いので、いくつかピックアップすると次のような示唆を得ることができます。

- 最寄駅からの距離が1分長くなると、取引価格は320328円程度（約32万円）下がる
- 面積が1m^{2}増えると、取引価格は384355円程度（約38万円）上がる
- 築年数が1年増えると、取引価格は444436円程度（約44万円）下がる

直感と近い結果になったのではないでしょうか。

■ SECTION-009 ■ 線形回帰

その他の変数情報も、何か面白い示唆が得られるか確認してみてください。なお、間取り・建物の構造・市区町村名はダミー変数化しているので、値の見方に注意してください。

それぞれの値は、下記を意味しています。

- 間取り：1Kを基準に、その他の間取りにするとどの程度、価格が変化するか
- 建物の構造：軽量鉄骨造を基準に、その他の構造にするとどの程度、価格が変化するか
- 市区町村名：あきる野市を基準に、そのほかの市区町村だとするとどの程度、価格が変化するか

▶ 予測

続いて、学習されたパラメータを使って、価格の予測を行ってみましょう。
まずは、学習用のデータと予測に用いるデータに分割します。

```
X = data_added_dummies.drop("取引価格(総額)", axis=1)
y = data_added_dummies["取引価格(総額)"]

X_train, X_test, y_train, y_test = train_test_split(X, y, test_size=0.3)
print(X_train.shape)
print(X_test.shape)
print(y_train.shape)
print(y_test.shape)
```

● 実行結果

```
(16645, 86)
(7134, 86)
(16645,)
(7134,)
```

続いて、学習用のデータで学習します。

```
lr_multi2 = LinearRegression()

lr_multi2.fit(X_train, y_train)
print(lr_multi2.coef_)
print(lr_multi2.intercept_)
```

● 実行結果

```
[-3.06520968e+05  3.80716011e+05 -4.46723903e+05 -2.99097560e+04
  4.40673185e+03  2.94702431e+06  2.53179089e+06  7.36875213e+05
 -5.84846426e+05  2.48092692e-06  6.54929611e+06  9.25962129e+06
 -4.70381485e+05  5.21299501e+06  6.29383147e+06  3.18763308e+06
  2.66358256e-07  7.80437423e+06  5.31172024e+06  4.26741257e+06
  3.60955777e+03  2.38269750e+06  6.09207592e+06 -7.82310963e-08
  4.95679090e+06  3.45664235e+06 -2.88709998e-07  5.90703127e+06
  4.06264980e+06  5.58793545e-08  9.16778238e+05 -1.45521147e+06
 -1.02132661e+06  6.64606976e+06 -9.50569145e+05 -2.82072781e+06
```

```
 -3.98234727e+05  3.19116450e+07  3.44671619e+07  3.48039014e+07
  3.26985611e+07  1.47080549e+07  2.91506579e+07  3.58666154e+07
  2.98505145e+07  3.39420059e+07  2.63413492e+07  2.48038296e+07
  2.94377719e+07  1.71753230e+07  3.02372158e+07  1.83242057e+07
  2.73432520e+07  2.19745443e+07  3.42510513e+07  3.44975477e+07
  1.77029684e+07  1.34085616e+07  3.27828573e+07  1.98236557e+07
  1.29867640e+07  1.50150799e+07  2.66733414e+07  9.83603205e+06
  3.36879003e+07  2.48826449e+07  3.05792134e+07  1.82872318e+07
  3.86602012e+07  3.92380959e+07  2.69105622e+07  1.75496775e+07
  3.92457801e+07  1.27151069e+07  1.80554919e+07  2.08114435e+07
  2.88315751e+07  1.16195060e+07  2.66524459e+07  2.30629019e+07
  9.54230853e+06  2.19836506e+07  2.67111785e+07  3.23106473e+07
  2.06022220e+07  9.30832567e+06]
-8894470.8534653
```

最後に、予測用データで予測を行い、実際の値を比べてみましょう。

```
y_pred = lr_multi2.predict(X_test)
# print(y_pred)
print(y_pred-y_test)
```

●実行結果

```
9853    -5.573731e+05
4877     1.466157e+06
19208    1.307483e+06
14358    5.202365e+06
10609    1.753434e+06
57738   -2.967235e+06
25502    1.779455e+06
53124   -2.742164e+06
28926    1.935473e+06
30762    8.765189e+06
9683    -2.641154e+06
10998   -6.744137e+06
314      6.641143e+05
7017     1.867463e+06
48098   -5.432098e+06
14734   -1.088722e+07
50597   -2.850751e+06
10050   -3.781623e+06
57851   -2.326970e+05
19617   -1.124386e+07
39544   -2.974789e+06
330      2.532177e+06
10309   -6.806544e+06
24877   -6.404076e+06
```

■ SECTION-009 ■ 線形回帰

```
10776     5.064801e+06
11459    -2.371891e+06
27337    -1.134170e+07
 9400     2.806197e+06
28887    -5.386917e+06
21183    -2.494299e+06
                ...
36591    -3.120821e+06
10948    -8.311867e+06
13181     1.700720e+06
25261    -2.888586e+05
 7152     7.364602e+06
19171    -1.325818e+06
13678     4.014719e+06
51776     6.042149e+06
39247     5.224717e+05
45808    -7.856970e+06
22781     5.527137e+06
47322     3.428355e+05
11404     5.751524e+05
53236    -1.061514e+07
17234    -7.101103e+06
 6870     7.813575e+06
30672    -3.969173e+06
51390     1.112022e+06
33054     1.169468e+06
21394    -1.809525e+06
15963     1.434504e+06
38610     7.477504e+06
10658    -7.826723e+05
30233     1.005975e+06
46005     3.622641e+06
27627    -3.540808e+06
 9452     1.347994e+06
28635     1.053507e+07
10464    -5.749826e+05
56148     1.073351e+07
Name: 取引価格(総額), Length: 7134, dtype: float64
```

　数十万円レベルで近い値を出しているものもありますが、数百万円レベルで予測を外していることが多いです。数千万円の不動産データなので、正解の大体10%~20%の範囲では予測ができているようです。

▶ MAE

続いて、単回帰分析と重回帰分析でどちらが良いモデルなのか、MAEをもとに評価してみましょう。

まずは、単回帰分析のMAE値を計算します。

```
from sklearn.metrics import mean_absolute_error

x_column_list = ['面積(㎡)']
y_column_list = ['取引価格(総額)']

X_train, X_test, y_train, y_test = train_test_split(
    data_added_dummies[x_column_list], data_added_dummies[y_column_list], test_size=0.3)

lr_single = LinearRegression()

lr_single.fit(X_train, y_train)
y_pred = lr_single.predict(X_test)

print(mean_absolute_error(y_pred, y_test))
```

● 実行結果
```
8062834.0861793095
```

次に、重回帰分析のMAE値を計算します。

```
x = data_added_dummies.drop("取引価格(総額)", axis=1)
y = data_added_dummies["取引価格(総額)"]

X_train, X_test, y_train, y_test = train_test_split(x, y, test_size=0.3)

lr_multi2 = LinearRegression()

lr_multi2.fit(X_train, y_train)
y_pred = lr_multi2.predict(X_test)

print(mean_absolute_error(y_pred, y_test))
```

● 実行結果
```
4604500.186096119
```

重回帰分析の方がMAEが小さいため、良いモデルであるといえます。ボストンのデータと同様に、重回帰分析の方がMAEの値は小さくなりました。

ぜひ、別のデータで、異なる変数の組み合わせで、結果がどうなるか確認してみてください。

SECTION-010

リッジ回帰・ラッソ回帰

　前節では、線形回帰のイメージをつかみ、そして不動産価格の推定という実践を行いました。実践編で気づいた方も多いかもしれませんが、適切にパラメータを増やすことは、予測精度を上げることにつながりました。

　しかし、手当たり次第にパラメータを増やせばよいというわけではありません。

過学習

　パラメータをひたすらに増やし複雑にすると、**過学習**と呼ばれる現象が起こります。

　たとえば、次のようなデータがあったとしましょう。

x	y
0	4.94
0.04	5.06
0.26	5.04
0.3	4.91
0.32	4.89
0.54	4.33
0.6	4.15
0.76	4.33
0.84	4.65
0.98	5.77

　なお、これは次の数式をもとに、ランダムな要素を加えて作成したものです。

$$y = 13x^3 - 15x^2 + 3x + 5$$

横軸に x、縦軸に y を可視化すると、下記のようになります。

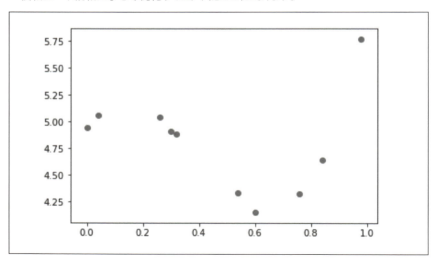

仮に、これを次のような単回帰で解いてみましょう。

$$y = ax + b$$

すると、色付きの線のようになり、とても粗い推定になっていることがわかります。

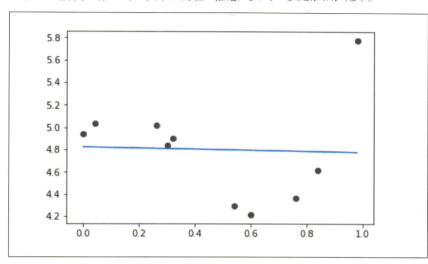

そこで、次のように2次の項を変数として増やし、解いてみます。

$$y = w_1 x^2 + w_2 x + w_0$$

すると、今度は次のようになり、少し良くなりましたが、まだまだ粗いです。

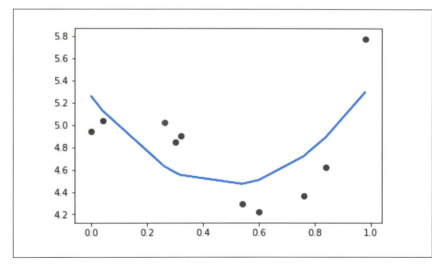

さらに3次の項を変数として増やし、解いてみると、とても当てはまりが良くなりました。

$$y = w_1 x^3 + w_2 x^2 + w_3 x + w_0$$

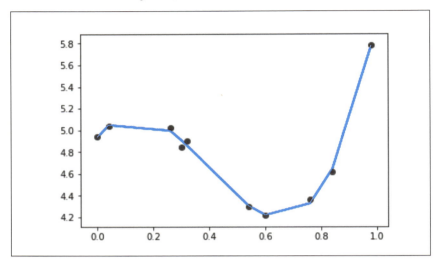

この調子で、次のように9次の項まで変数を増やすと、残差をなくすことができました。3次の式では少し外していたところもぴったりフィットしているのがわかります。

$$y = w_1 x^9 + w_2 x^8 + ... + w_8 x^2 + w_9 x + w_0$$

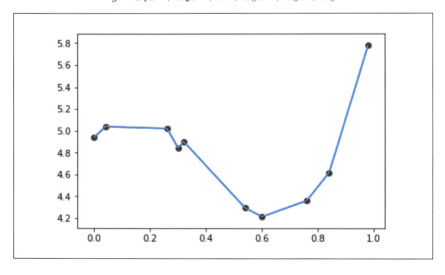

ということで、やはり変数を増やせば増やすほどいい、と結論付けたくなりますが、少し待ってください。

先ほどは、学習に用いたデータを使って当てはまり度合いを可視化をしてみましたが、データを増やして再度確認してみます。xの値を0から1の間で、0.02間隔(計50個)で生成し、先ほどの方程式をもとにyの値を可視化すると次のようになります。

$$y = 13x^3 - 15x^2 + 3x + 5$$

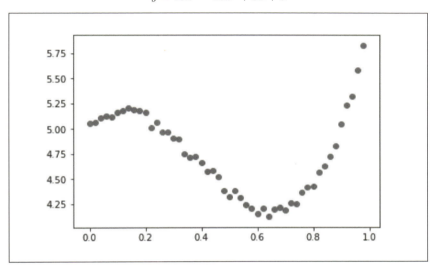

9次の項まで変数を増やすことで正しく推定できているのであれば、これらのデータでもフィットしているはずです。

なお、学習用のデータに関して残差二乗和を最も小さくするパラメータを求めると、次のようになりました。

$$y = -32579x^9 + 144661x^8 + -269166x^7 + 271781x^6 + -160896x^5 \\ + 56121x^4 + -10888x^3 + 988x^2 + -22x + 5$$

この式をもとに、プロットしてみると、赤線のようになります。

■ SECTION-010 ■ リッジ回帰・ラッソ回帰

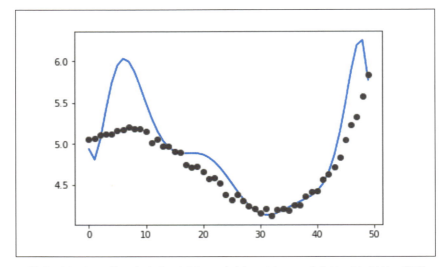

　学習に用いたxの値が存在するあたりは、良く当てはまっていますが、それ以外の箇所では大きく乖離しています。

　今度は、3次の項まで変数を追加した式を使って、同様のことを行ってみると、次のようになります。

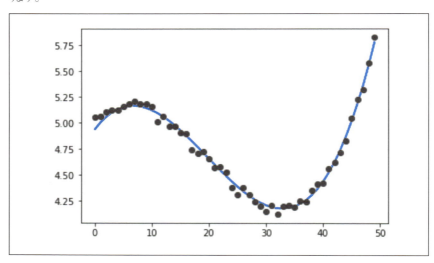

9次の項まで追加した式と比べると、全体的に当てはまりが良いです。パラメータ計算に用いたデータのみで比べると、確かに変数が多い方が良さそうに見えますが、それ以外のデータまで含めて比べると、結果は逆転しています。

これは、9次の項まで含めた方は、**学習に用いたデータにのみ当てはまるように**パラメータを学習し過ぎてしまい、それ以外のデータでは当てはまらなくなってしまうからです。なお、学習に用いたデータを使って評価した精度を**訓練誤差**、学習に用いていない未知のデータで評価した精度を**汎化誤差**と呼びます。このような、訓練誤差で評価すると良い結果に見えても汎化誤差が悪い状態を、**過学習**といいます。

3次の項まで変数を追加した式に関して残差二乗和を最も小さくするパラメータを求めると、次のようになりました。

$$y = 12.49x^3 + -14.107x^2 + 2.577x + 5.027$$

こちらと比べると、9次の項まで含めた場合は、パラメータの絶対値が全体的に非常に大きいです。

イメージとして、x^9 に -32579 をかけると値が非常に小さくなりますが、その分を x^8 に 144661 をかけて大きくし、大きくなり過ぎないように x^7 に -269166 をかけ、また、今後は小さくなり過ぎないように x^6 に 271781 をかけ……ということを繰り返すことで、無理矢理フィットさせていると捉えると、わかりやすいかもしれません。

3次の方を見ると、そこまで無理矢理な調整をする必要がないことがわかります。多少残差二乗和が大きくなってしまうかもしれませんが、パラメータの絶対値はなるべく小さくした方が、過学習は防げそうです。極論をいえば、x^9・x^8・x^7 などの係数は、0にしてしまってもいいでしょう。

このように、訓練誤差を無理に良くしようとすると過学習を起こしてしまうため、パラメータに制約を課そう、という考えを**正則化**といいます。

最終的に求めたいのは、汎化誤差が小さいモデルです。データが無限個、手に入れば、訓練誤差と汎化誤差は一致しますが、有限個のデータではそうはなりません。それを忘れて訓練誤差を追い求めすぎると、良くしたいはずの汎化誤差がかえって悪くなってしまいます。正則化を取り入れることで、汎化誤差の良いモデルを作りやすくなります。

正則化を行った回帰として、**ラッソ回帰**、そして**リッジ回帰**という手法が提案されています。

SECTION-010 ■ リッジ回帰・ラッソ回帰

ラッソ回帰

通常の線形回帰問題では、残差二乗和をなるべく小さくするようにパラメータを求めます。残差二乗和は、これまで言葉で定義してきましたが、数式を使うと次のようになります。

$$\sum_{i=1}^{n}(y_i - \hat{y}_i)^2$$

なお、n はデータの数、y_i は実際の値、$\hat{y}_i$ はモデルが予測した値を表しています。この $(y_i - \hat{y}_i)$ の部分は、あるデータ i について、実際の値とモデルの予想した値の差、つまり残差です。

こちらの数式で表される値を小さくしようとするのが、通常の線形回帰です。

それに対し、ラッソ回帰では、次の式で表される値を小さくするように、パラメータを求めます。

$$\sum_{i=1}^{n}(y_i - \hat{y}_i)^2 + \alpha \sum_{k=1}^{d} |w_k|$$

w_k は各パラメータの値、d は切片を除いたパラメータの数を表しています。よって、$\sum_{k=1}^{d} |w_k|$ は切片以外のすべてのパラメータについて、その絶対値を足し合わせたものです。

$\alpha \sum_{k=1}^{d} |w_k|$ の部分を**正則化項**と呼びます。残差二乗和にこちらの正則化項を加えた値を、なるべく小さくするようにパラメータを求めるのが**ラッソ回帰**です。

なお、正則化項の α はどれほどパラメータの大きさを制限したいかによって、任意に設定します。α を0に近づければ近づけるほど、通常の線形回帰と同様の結果になります。逆に、α をどんどん大きくしていくと、通常の線形回帰に比べてパラメータの絶対値が小さくなるようになります。

リッジ回帰

通常の線形回帰問題では、次の式で表される残差二乗和を小さくするようにパラメータを求めます（n はデータの数、y_i は実際の値、$\hat{y}_i$ はモデルが予測した値）。

$$\sum_{i=1}^{n}(y_i - \hat{y}_i)^2$$

それに対し、リッジ回帰では、次の式で表される値を小さくするように、パラメータを求めます。

$$\sum_{i=1}^{n}(y_i - \hat{y}_i)^2 + \alpha \sum_{k=1}^{d} |w_k|^2$$

w_k は各パラメータの値、d は切片を除いたパラメータの数を表しています。よって、$\sum_{k=1}^{d} |w_k|^2$ は切片以外のすべてのパラメータについて、その絶対値の二乗を足し合わせたものです。

$\alpha \sum_{k=1}^{d} |w_k|^2$ の部分がラッソ回帰でも登場した、**正則化項**です。ただの絶対値か、二乗しているかという違いのみです。

残差二乗和にこちらの正則化項を加えた値を、なるべく小さくするようにパラメータを求めるのが**リッジ回帰**です。正則化項の α は、ラッソ回帰と同様に、どれほどパラメータの大きさを制限したいかによって、任意に設定します。

なお、ラッソ回帰のように、パラメータの絶対値の和を用いた正則化を、**L1正則化**と呼びます。また、リッジ回帰のように、パラメータの絶対値の2乗和を用いた正則化を、**L2正則化**と呼びます。

ラッソ回帰とリッジ回帰の効果

ラッソ回帰とリッジ回帰を学んだので、効果がどの程度あるのか確認してみましょう。
先ほど用いたデータを使ってみます。

x	y
0	4.94
0.04	5.06
0.26	5.04
0.3	4.91
0.32	4.89
0.54	4.33
0.6	4.15
0.76	4.33
0.84	4.65
0.98	5.77

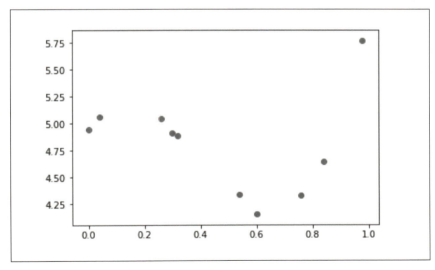

先ほど、下記の回帰モデルにて、通常の線形回帰、つまり残差二乗和を小さくするようにパラメータ推定をすると、過学習してしまう結果となりました。

$$y = w_1 x^9 + w_2 x^8 + ... + w_8 x^2 + w_9 x + w_0$$

■ SECTION-010 ■ リッジ回帰・ラッソ回帰

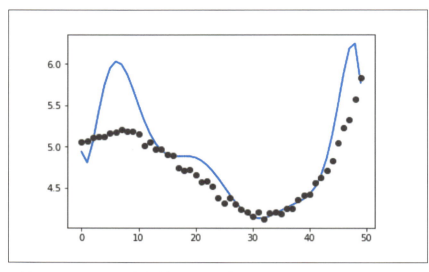

同じモデルにて、ラッソ回帰を使うと、下記のようになりました。

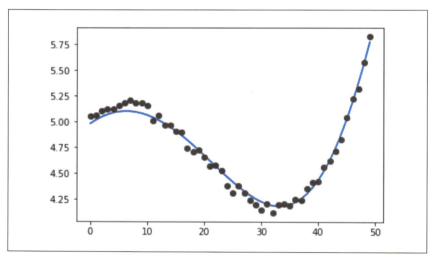

学習用のデータ以外にも当てはまりが良く、過学習がかなり抑えられていることがわかります。
また、リッジ回帰を使うと、下記のようになりました。

SECTION-010 リッジ回帰・ラッソ回帰

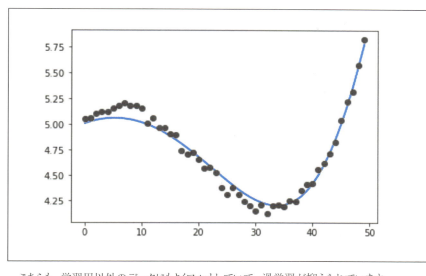

こちらも、学習用以外のデータにもよくフィットしていて、過学習が抑えられています。

ラッソ回帰とリッジ回帰は、L1正則化かL2正則化の違いですが、その性質から、求まるパラメータ値も変わってきます。通常の線形回帰、ラッソ回帰、リッジ回帰で求まったパラメータ値を一覧で表示します。

パラメータ	線形回帰	ラッソ回帰	リッジ回帰
w_1	−32579	−1.06	−1.71
w_2	144661	0	−0.31
w_3	−269166	0	1.08
w_4	271781	0.54	2.21
w_5	−160896	2.31	2.65
w_6	56121	4.11	1.76
w_7	−10888	1.34	−1.03
w_8	988	−8.19	−4.64
w_9	−22	1.96	1
w_{10}	5	4.98	5.01

正則化によって、パラメータの値が全体的に小さくなっています。また、ラッソ回帰では、値が0になっている箇所がありますが、これは偶然そのような結果になったのではなく、L1正則化の性質が理由です。

L2正則化の場合、パラメータの値を二乗しているため、すでに値が小さいものよりも大きいものを優先的に小さくしようとします。よって、すでに小さいパラメータの値を更に小さくすることは、あまり行われません。

下図の例では、すでに小さい w_2 よりも、優先的に w_1 を小さくします。

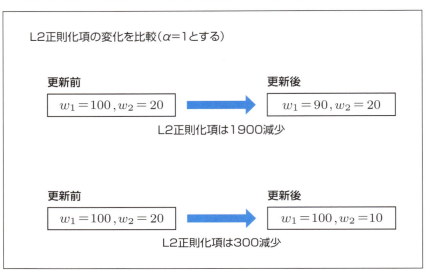

それに対し、L1正則化の場合、小さい値のパラメータも、大きい値のパラメータも同等に扱われます。よって、すでに小さい値のパラメータも、さらに小さくしようとするため、絶対値が0になりやすいです。

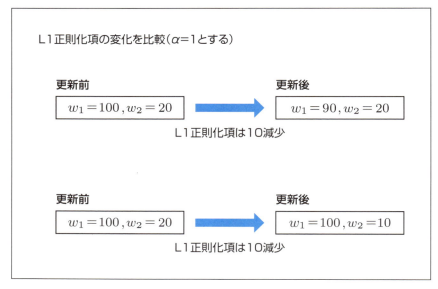

L1正則化を用いると、あまり予測に効かないパラメータは0、つまりモデルから削除されます。そのため、不要なパラメータは削除したい、という狙いがある場合によく使われます。

■ 実践編1（ボストン市内の地域別住宅価格データ）

本項では、69ページでも扱ったボストン市内の地域別住宅価格データを使って、ラッソ回帰・リッジ回帰を実践してみます。

scikit-learnに、専用の関数が用意されているので、簡単に実践することができます。

まずは、69ページの復習として、データ読み込みから重回帰分析・予測・MAE計算までを行います。解説は省略しますが、処理内容に疑問が生じた場合は、69ページまで戻って確認しましょう。

それでは、ローカル上でJupyter Notebook、もしくはクラウド上にてGoogle Colaboratoryを起動してください。まずは、必要なライブラリを読み込みます。

```
import numpy as np
import pandas as pd
import matplotlib.pyplot as plt
%matplotlib inline
import seaborn as sns
from sklearn.linear_model import LinearRegression, Ridge, Lasso
from sklearn.datasets import load_boston
from sklearn.metrics import mean_absolute_error
from sklearn.model_selection import train_test_split
```

6行目にて、リッジ回帰・ラッソ回帰用のライブラリを読み込んでいます。次に、必要なデータを読み込み、早速、重回帰分析まで実行しましょう。

```
boston = load_boston()
data_boston = pd.DataFrame(boston.data, columns=boston.feature_names)
data_boston['PRICE'] = boston.target


lr_multi = LinearRegression()


x_column_list_for_multi = ['CRIM', 'ZN', 'INDUS', 'CHAS', 'NOX',
                           'RM', 'AGE', 'DIS', 'RAD', 'TAX', 'PTRATIO', 'B', 'LSTAT']
y_column_list_for_multi = ['PRICE']


lr_multi.fit(data_boston[x_column_list_for_multi],
             data_boston[y_column_list_for_multi])


print(lr_multi.coef_)
print(lr_multi.intercept_)
```

◉実行結果

```
[[-1.08011358e-01  4.64204584e-02  2.05586264e-02  2.68673382e+00
  -1.77666112e+01  3.80986521e+00  6.92224640e-04 -1.47556685e+00
   3.06049479e-01 -1.23345939e-02 -9.52747232e-01  9.31168327e-03
  -5.24758378e-01]]
[36.45948839]
```

■ SECTION-010 ■ リッジ回帰・ラッソ回帰

続いて、予測処理とMAE計算を行います。

```
X_train, X_test, y_train, y_test = train_test_split(
    data_boston[x_column_list_for_multi], data_boston[y_column_list_for_multi], test_size=0.3)
lr_multi2 = LinearRegression()


lr_multi2.fit(X_train, y_train)
print(lr_multi2.coef_)
print(lr_multi2.intercept_)


y_pred = lr_multi2.predict(X_test)

# 残差
# print(y_pred-y_test)

# MAE
print(mean_absolute_error(y_pred, y_test))
```

●実行結果

```
[[-1.24309862e-01  4.84333400e-02  6.70281790e-02  1.38196675e+00
  -1.70662475e+01  4.41552067e+00 -1.05080518e-02 -1.45252435e+00
   2.87890520e-01 -1.40459219e-02 -1.06059287e+00  1.18120734e-02
  -4.19500280e-01]]
[33.15885174]
3.4235179509332343
```

▶ラッソ回帰

通常の線形回帰では、次のように専用のインスタンスを生成しました。

```
lr = LinearRegression()
```

ほとんど同様ですが、ラッソ回帰では次のように生成します。

```
lasso = Lasso(alpha=0.01, normalize=True)
```

この際に、`alpha`という、どの程度、正則化の影響を強くするかを決定する、重要なパラメータを引数に与えます。

注意点として、106ページでは、次の式（残差二乗和に正則化項を加えたもの）を最小にするパラメータを決定すると説明しましたが、この式で登場するαと、`Lasso()`の引数に与える`alpha`は別物です。

$$\sum_{i=1}^{n}(y_i - \hat{y_i})^2 + \alpha \sum_{k=1}^{d}|w_k|$$

■ SECTION-010 ■ リッジ回帰・ラッソ回帰

scikit-learnでは、次の式を想定しています。

$$\sum_{i=1}^{n}(y_i - \hat{y}_i)^2 + 2*n*\alpha \sum_{k=1}^{d}|w_k|$$

本質的には同様ですが、心に留めておきましょう。`alpha` の値を大きくすると正則化の影響も大きくなり、逆に `alpha` の値を小さくすると通常の線形回帰と違いはなくなります。

また、`normalize=True` という部分は、各変数のスケールを0～1に入るように正規化してくれます。

学習は、`LinearRegression()` と同様に、`fit()` 関数を使います。

```
X_train, X_test, y_train, y_test = train_test_split(x, y, test_size=0.3)


lasso = Lasso(alpha=0.001, normalize=True)
lasso.fit(X_train, y_train)
print(lasso.coef_)
print(lasso.intercept_)
```

●実行結果

```
[-7.37183971e-02  3.44625324e-02  2.01705644e-02  3.82906710e+00
 -1.52727746e+01  3.81534541e+00  0.00000000e+00 -1.22747237e+00
  2.38535398e-01 -1.05696755e-02 -8.56399639e-01  8.38244152e-03
 -5.26973636e-01]
[32.41548416]
```

通常の線形回帰との結果を比較し、パラメータの値が変わっていることを確認してください。

続いて、MAEを計算してみます。

予測処理も `LinearRegression()` と同様で、`predict()` を用います。

```
y_pred_lasso = lasso.predict(X_test)

# 残差
# print(y_pred_lasso.reshape(-1,1) - y_test)

# MAE
print(mean_absolute_error(y_pred_lasso, y_test))
```

●実行結果

```
3.2516080983913556
```

若干ですが、通常の線形回帰よりもLasso回帰の方が、MAEの値が良くなりました。

`alpha` の値を大きくすると、0となるパラメータが多くなります。実際に、`alpha` を変更しながら結果がどうなるか確認してみましょう。

SECTION-010 リッジ回帰・ラッソ回帰

▶リッジ回帰

通常の線形回帰では、次のように専用のインスタンスを生成しました。

```
lr = LinearRegression()
```

ほとんど同様ですが、リッジ回帰では次のように生成します。

```
ridge = Ridge(alpha=0.01, normalize=True)
```

この際に、Lasso回帰と同様に、`alpha`というどの程度、正則化の影響を強くするかを決定するパラメータを、引数に与えます。

106ページで、リッジ回帰では、次の式で表される値を小さくするように、パラメータを求めると解説しました。

$$\sum_{i=1}^{n}(y_i - \hat{y_i})^2 + \alpha \sum_{k=1}^{d}|w_k|^2$$

scikit-learnの`Ridge()`に与える`alpha`は、この式で登場するαと同じ意味を示しています。

まずは、学習を行ってみます。

```
ridge = Ridge(alpha=0.01, normalize=True)
ridge.fit(X_train, y_train)
print(ridge.coef_)
print(ridge.intercept_)
```

◉実行結果

```
[[-7.74811331e-02  3.55770331e-02  2.91448210e-02  3.84903263e+00
  -1.55410996e+01  3.82448391e+00  1.20153072e-03 -1.21271798e+00
   2.42614634e-01 -1.07826555e-02 -8.60569076e-01  8.54846077e-03
  -5.22075616e-01]]
[32.27067876]
```

通常の線形回帰やラッソ回帰との結果を比較し、パラメータの値が変わっていることを確認してください。

続いて、MAEを計算してみます。

```
y_pred_ridge = ridge.predict(X_test)

# 残差
# print(y_pred_ridge.reshape(-1,1) - y_test)

# MAE
print(mean_absolute_error(y_pred_ridge, y_test))
```

■ SECTION-010 ■ リッジ回帰・ラッソ回帰

◉実行結果

```
3.2506127906598756
```

線形回帰やLasso回帰と比べ、MAEの値が良くなりました。

MAEで評価すると、今回、リッジ回帰が最も良いという結果になりましたが、`alpha`を変更したり、学習用データや予測用データに分割割合を変更すると、恐らく結果は変わります。オリジナルのモデルを作り、結果がどう変化するか、実験してみましょう。

▌実践編2（東京都の不動産価格データ）

本項では、79ページで扱った、東京都の不動産価格データを使って、リッジ回帰・ラッソ回帰を実践します。

まずは、復習として、データ読み込みから重回帰分析・予測・MAE計算までを行います。

ローカル上でJupyter Notebook、もしくはクラウド上にてGoogle Colaboratoryを起動してください。

まずは、必要なライブラリを読み込みます。

```python
import numpy as np
import matplotlib.pyplot as plt
import pandas as pd
import random
%matplotlib inline
import seaborn as sns
from sklearn.linear_model import LinearRegression, Ridge, Lasso

from sklearn.model_selection import train_test_split
from sklearn.metrics import mean_absolute_error

import requests
import json
import re
```

次に、必要なデータを読み込みます。処理内容に疑問が生じた場合は、79ページまで戻って確認しましょう。

```python
data_from_csv = pd.read_csv("13_Tokyo_20171_20184.csv", encoding='cp932')
data_used_apartment = data_from_csv.query('種類 == "中古マンション等"')

columns_name_list = ["最寄駅:距離(分)", "間取り", "面積(㎡)", "建築年", "建物の構造",
                     "建ぺい率(%)", "容積率(%)", "市区町村名", "取引価格(総額)"]

data_selected = data_used_apartment[columns_name_list]
data_selected_dropna = data_selected.dropna(how='any') # 1つでもNaNデータを含む行を削除
```

■ SECTION-010 ■ リッジ回帰・ラッソ回帰

```python
data_selected_dropna = data_selected_dropna[data_selected_dropna["建築年"].str.match(
    '^平成|昭和')]

wareki_to_seireki = {'昭和': 1926-1, '平成': 1989-1}

building_year_list = data_selected_dropna["建築年"]

building_age_list = []
for building_year in building_year_list:
    # 昭和○年 → 昭和，○ に変換、平成○年 → 平成，○ に変換
    building_year_split = re.search(r'(.+?)([0-9]+|元)年', building_year)
    # 西暦に変換
    seireki = wareki_to_seireki[building_year_split.groups()[0]] + \
    int(building_year_split.groups()[1])

    building_age = 2019 - seireki   # 築年数に変換
    building_age_list.append(building_age)


data_selected_dropna["築年数"] = building_age_list   # 新しく、築年数列を追加

# もう使わないので、建築年列は削除
data_added_building_age = data_selected_dropna.drop("建築年", axis=1)

# ダミー変数化しないもののリスト
columns_name_list = ["最寄駅：距離(分)", "面積(㎡)", "築年数",
                     "建ぺい率(%)", "容積率(%)", "取引価格(総額)"]
# ダミー変数リスト
dummy_list = ["間取り", "建物の構造", "市区町村名"]

# ダミー変数を追加
data_added_dummies = pd.concat([data_added_building_age[columns_name_list], pd.get_dummies(
    data_added_building_age[dummy_list], drop_first=True)], axis=1)


# 文字列を数値化
data_added_dummies["面積(㎡)"] = data_added_dummies["面積(㎡)"].astype(float)
data_added_dummies = data_added_dummies[~data_added_dummies['最寄駅：距離(分)'].str.contains(
    '\?')]
data_added_dummies["最寄駅：距離(分)"] = data_added_dummies["最寄駅：距離(分)"].astype(float)

# 6000万円以下のデータのみ抽出
data_added_dummies = data_added_dummies[data_added_dummies["取引価格(総額)"] < 60000000]
```

SECTION-010 リッジ回帰・ラッソ回帰

続いて、学習・予測・MAEの計算を行います。

```python
x = data_added_dummies.drop("取引価格(総額)", axis=1)
y = data_added_dummies["取引価格(総額)"]


X_train, X_test, y_train, y_test = train_test_split(x, y, test_size=0.3)


lr_multi = LinearRegression()


lr_multi.fit(X_train, y_train)
print(lr_multi.coef_)
print(lr_multi.intercept_)


y_pred_lr = lr_multi.predict(X_test)

# 残差
# print(y_pred_lr-y_test)

# MAE
print(mean_absolute_error(y_pred_lr, y_test))
```

● 実行結果

```
 [-3.01434203e+05  3.79909368e+05 -4.42278641e+05 -3.73720265e+04
   5.00585046e+03  5.73345241e+06  4.73505749e+06  1.51569099e+06
   1.54390448e+06  4.16347808e+06  8.70402709e+06  1.02210155e+07
   1.57237802e+06  7.30826491e+06  9.28866410e+06  6.07773252e+06
   8.22162682e+06  9.98922451e+06  7.68167886e+06  6.18024662e+06
  -2.48663127e-07  4.59420552e+06  8.24683183e+06  1.76951289e-08
   6.97650826e+06  6.27713132e+06  1.17353728e+06  7.81428549e+06
   6.54578040e+06 -9.34827606e+06 -1.15787055e+06 -1.90048903e+06
  -1.49134194e+06  1.09130180e+07 -1.40694700e+06 -5.03850359e+06
  -1.07573646e+06  3.18200112e+07  3.47118834e+07  3.47365853e+07
   3.29415706e+07  1.48369398e+07  2.93838165e+07  3.57312963e+07
   3.01718973e+07  3.38106105e+07  2.54895408e+07  2.62390260e+07
   2.95326112e+07  1.69194276e+07  3.02828263e+07  1.78113670e+07
   2.78415814e+07  2.28401605e+07  3.40266167e+07  3.48000545e+07
   1.77007957e+07  1.34521781e+07  3.26544813e+07  1.88529213e+07
   1.31934433e+07  1.46263332e+07  2.68468347e+07  1.22975696e+07
   3.50332553e+07  2.48712580e+07  3.06732274e+07  1.84335041e+07
   3.87566848e+07  3.95046494e+07  2.69223405e+07  1.76853886e+07
   3.94147597e+07  1.24873734e+07  1.86376707e+07  2.16258501e+07
   2.87262196e+07  1.05530730e+07  2.66756887e+07  2.26261680e+07
   9.77255605e+06  2.21431489e+07  2.64714202e+07  3.22496204e+07
   2.07473623e+07  9.83284623e+06]
-10363280.82296674
4583224.72620128
```

■ SECTION-010 ■ リッジ回帰・ラッソ回帰

▶ ラッソ回帰

続いて、ラッソ回帰を行います。111ページで、ライブラリの使い方については紹介したので、ここでは結果のみまとめます。

```
lasso = Lasso(alpha=1, normalize=True)
lasso.fit(X_train, y_train)
# print(lasso.coef_)
# print(lasso.intercept_)


y_pred_lasso = lasso.predict(X_test)

# 残差
# print(y_pred_lasso.reshape(-1,1) - y_test)

# MAE
print(mean_absolute_error(y_pred_lasso, y_test))
```

◉実行結果

```
4582577.04064885
```

線形回帰と比べ、MAEの値は小さいため、こちらの方が良いモデルといえます。

▶ リッジ回帰

次にリッジ回帰を行い、MAEの値を確認してみます。

```
ridge = Ridge(alpha=0.1, normalize=True)
ridge.fit(X_train, y_train)
# print(ridge.coef_)
# print(ridge.intercept_)


y_pred_ridge = ridge.predict(X_test)

# 残差
# print(y_pred_ridge.reshape(-1,1) - y_test)

# MAE
print(mean_absolute_error(y_pred_ridge, y_test))
```

◉実行結果

```
4705376.947463453
```

どんな `alpha` を設定するかによって結果は大きく異なりますが、通常の線形回帰よりも悪い結果となりました。正則化の影響が大きく、正しいパラメータを求めることができなかったのでしょう。もう少し小さい値を設定すると、結果は変わるかもしれません。

おわりに

本章では、下記の内容について理論を学びました。

- 線形回帰
- リッジ回帰
- ラッソ回帰

また、scikit-learn付属のサンプルデータ、そして実際の東京都の不動産価格データを使って実践を行いました。

理論・実践ともに、このあとに続く章への大切な基礎となるため、不安な点があれば読み直して復習しておきましょう。特に、scikit-learnのライブラリを使った学習や予測処理、そしてデータの前処理の仕方については、共通部分が多いので、しっかり押さえておきましょう。

CHAPTER 04
教師あり～分類～

　前章では、目的変数が連続で動き、その値の大小に意味があるデータを予測しました。本章では、「教師あり学習」と表現される手法の1つである、「分類」について紹介します。
　「分類」は、予測したい変数がいくつかの離散カテゴリである場合に用いられる手法です。
　122ページではロジスティック回帰について、144ページでは決定木について、157ページでは決定木を発展させたランダムフォレストについて学びます。

SECTION-011

ロジスティック回帰

本節では、分類の基礎となるロジスティック回帰について説明します。前半で理論について解説し、後半ではscikit-learnのサンプルデータ、そしてTwitterデータを使って実践を行います。

分類とは

前章で解説した回帰では、次のように、目的変数が連続で動き、さらにその値の大小関係には意味があるものでした。

- 不動産価格を、駅からの距離や部屋面積、設備などで予測する
- 野球選手の年俸を、成績をもとに予測する
- 遊園地の来客数を、イベントの有無や天気から予測する

それに対して分類とは、予測したい変数がいくつかの離散カテゴリの場合を指します。たとえば、次の例などが分類問題として挙げられます。

- 受験生が大学に合格するかどうかを、勉強時間や塾に通っているかどうかから予測する
- ECサイトにてユーザーが会員登録してくれるかどうかを、サイト閲覧履歴から予測する
- 数種類の動物がそれぞれ何か、画像のみから予測する

線形回帰で解こうとしてみる

ここで、先ほどの例の中から「大学に合格するか」というテーマを取り上げてみます。説明を簡単にするため、説明変数は勉強時間のみとします。

受験生ごとの、勉強時間と合否結果のサンプルデータを作成してみました。

総勉強時間（時間）	合格したかどうか
2388	1
1786	1
2300	1
1781	1
666	1
826	1
1179	0
1975	1
959	1
1514	0
879	0
・・・	・・・

なお、合格した場合を1、不合格の場合を0としています。

サンプルデータを50個用意したところ、次のようにグラフ化されたとします。

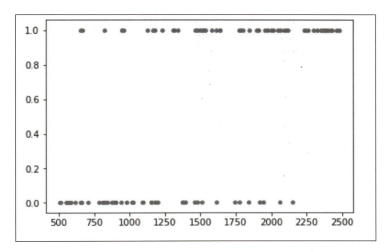

なんとなく、勉強時間が少ない人は不合格の方が多く、勉強時間が多い人は合格する方が多いようです。もちろん勉強時間が少なくても合格する人は一定数いますし、その逆もそうです。現実とだいたい近いデータに見えます。

CHAPTER 03を学んだ方であれば、線形回帰を使ってみたくなるかもしれません。試しに、単回帰分析を実行してみましょう。

$$y = ax + b$$

x が勉強時間、y が合格するかどうか、つまりは合格する確率を表す変数です。

復習ですが、残差二乗和が最も小さくなるように、パラメータ(ここでは a や b)を求めます。求められたパラメータを使い、x の値を0から3000まで動かしながら y の値を赤線でプロットしてみると、次のようになりました。

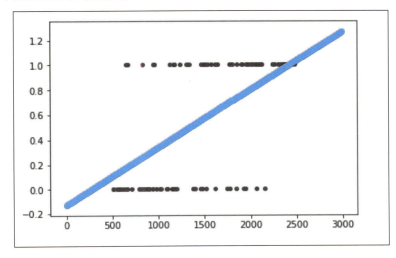

確かに、勉強時間が伸びるほど合格する確率も増加しているため、直感に合った結果となっています。しかし、2箇所ほど違和感を覚えた方も多いのではないでしょうか。

1つ目の違和感は、x の値によっては、y の値が0未満になったり1より大きくなったりしているところです。合否を0、1で表しているはずなので、合格する確率を表しているはずの y は、0から1の間でおさまっていてほしいです。

2つ目の違和感は、学習された直線の周りに、点がほとんどないことです。

CHAPTER 03で線形回帰を行った際は、なるべくすべての点の近くを通るように、つまり残差二乗和が少なくなるパラメータを選び、その結果、次のように学習に用いたデータの近くに直線を引くことができました。

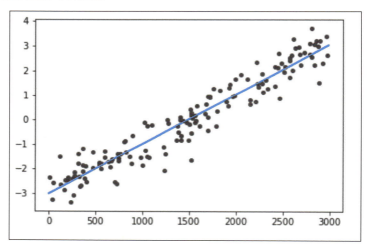

そもそも、今回の例のように、目的変数が0か1にしか存在しない場合には、それらの点に近い線を引くことはかなり難しいです。そのため、「残差をなるべく少なくする」という発想自体にどうやら無理がありそうです。

ロジスティック回帰

前項にて、目的変数が0か1のみの場合に、線形回帰を当てはめようとすると、次の問題が生じることがわかりました。

- 説明変数の動く範囲によっては、予測される目的変数の値がマイナスになったり、1より大きくなったりする
- 残差二乗和を少なくする、という発想に無理がある

まずは、1つ目の問題点を解決します。説明を簡単にするため、次のように単回帰分析を例にとります。なお、左辺の目的変数は0もしくは1しかとりません。

$$y = ax + b$$

左辺は0もしくは1しかとらないのに対し、右辺は特に制約がないため、x の値によっては結果が $-\infty$ から ∞ まで動いてしまいます。そこで、x の値がいくら変化しても結果が0から1の範囲に収まるように、右辺の式を次のように変換してあげます。

$$q = \frac{1}{1 + e^{(-(ax+b))}}$$

e はネイピア数と呼ばれる数で、その値は約 $e = 2.71828...$ です。

横軸を x にして、縦軸に e^x の値をとり、プロットすると次のようになります。

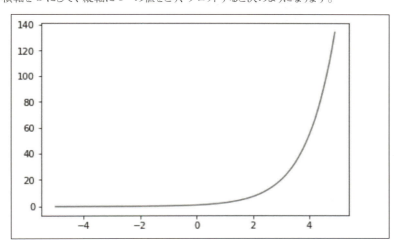

x の値が大きくなるにつれてどんどん e^x の値も大きくなりますが、x の値がいくら小さくなっても e^x の値は0より小さくなることはありません。

同様に、$e^{(-(ax+b))}$ の $ax+b$ の部分は $-\infty$ から ∞ の間で変化しますが、$e^{(-(ax+b))}$ は 0 から ∞ の範囲に必ず入ります。

とすると、$1 + e^{(-(ax+b))}$ は 1 から ∞ の範囲に必ず入ります。ということで、$\frac{1}{1+e^{(-(ax+b))}}$ の値は、必ず 0 から 1 の範囲に収まることがわかります。

適当に、$a = 0.005, b = -1$ として、$\frac{1}{1+e^{(-(ax+b))}}$ のグラフを描いてみると次のようになります。しっかり、0 から 1 の間で変化しています。

SECTION-011 ロジスティック回帰

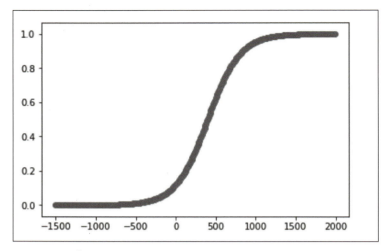

なお、$q = \frac{1}{1+e^{(-(ax+b))}}$ と変換する関数を、**シグモイド関数**と呼び、このシグモイド関数を用いてパラメータを推定する方法を**ロジスティック回帰**といいます。

次に、2つ目の問題点を解決します。説明を簡単にするため、次の5つのデータのみあるとします。

総勉強時間(時間)	合格したかどうか
2000	1
1000	1
2500	1
400	0
1200	0

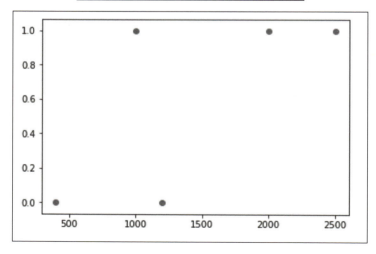

ここで、適当に $a = 0.005, b = -1$ として、$q = \frac{1}{1+e^{(-(ax+b))}}$ のグラフをプロットしてみます。

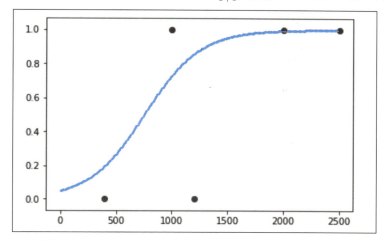

なんとなく後半は当てはまりが良さそうに見えます。各勉強時間に対して、代入して得られる q、つまり合格する確率を計算すると次のようになります。

総勉強時間（時間）	合格したかどうか	q（予測された「合格確率」）
2000	1	0.9933
1000	1	0.7311
2500	1	0.9991
400	0	0.1978
1200	0	0.8581

適当に決めた、$a = 0.005, b = -1$ というパラメータですが、この値が正しいと仮定してみます。すると、勉強時間が2000時間の場合、合格する確率は0.9933なので、「合格した」というデータが得られる確率は当然0.9933です。また、勉強時間が1200時間の場合、合格する確率は0.8581なので、「不合格だった」というデータが得られる確率は、$(1 - 0.8581) = 0.1419$ です。

ということで、このパラメータが正しいと仮定した場合に、今回の5つのデータが得られる確率をまとめると、次のようになります。

総勉強時間（時間）	合格したかどうか	q（予測された「合格確率」）	このデータが得られる確率
2000	1	0.9933	0.9933
1000	1	0.7311	0.7311
2500	1	0.9991	0.9991
400	0	0.1978	0.8022
1200	0	0.8581	0.1419

SECTION-011 ロジスティック回帰

この表をもとに、5つのデータすべてが得られる可能性を計算すると、下記の結果になりました。

$$0.9933 * 0.7311 * 0.9991 * 0.8022 * 0.1419 \simeq 0.08259$$

このような、あるパラメータのもとで与えられたデータが得られる確率を計算したものを、そのパラメータの**尤度**と呼びます。

同じく、適当に、$a = 0.003, b = -3.3$ として、尤度を計算してみます。

総勉強時間 (時間)	合格したか どうか	q(予測される「合格確率」)	このデータが得られる 確率
2000	1	0.9370	0.9370
1000	1	0.4256	0.4256
2500	1	0.9852	0.9852
400	0	0.1091	0.8910
1200	0	0.5744	0.4256

$$0.9370 * 0.4256 * 0.9852 * 0.8910 * 0.4256 \simeq 0.1490$$

$a = 0.003, b = -3.3$ の尤度は 0.1490 となり、$a = 0.005, b = -1$ の尤度を上回りました。

復習ですが、尤度は与えられたデータの「起こりやすさ」を表した値です。「$a = 0.003, b = -3.3$ と仮定した方が尤度が高い」、ということは、「$a = 0.003, b = -3.3$ と仮定した方が手持ちのデータを再現しやすい」、つまり「パラメータは $a = 0.005, b = -1$ よりも、$a = 0.003, b = -3.3$ の方が適している」と考えられます。

このように、さまざまなパラメータを仮定して尤度を計算することで、最も尤度が高くなる値を探すことができます。「最も尤度が高い」、つまりは、「最も現在あるデータを再現しやすい」パラメータを見つけることができます。

この、最も尤度が高いパラメータを求める手法を、**最尤法**と呼びます。

通常の回帰と異なり、目的変数が0、もしくは1のような分類問題をロジスティック回帰で解く際は、**残差二乗和をなるべく小さくするのではなく、尤度をなるべく大きくする**ような、パラメータを求めます。

本項をまとめます。目的変数が1、もしくは0のような分類問題をロジスティック回帰で解く際は、次の点がポイントです。

- **シグモイド関数をかます**ことで、説明変数がどのように動いても、必ず推定値が0から1に入るようにする
- **残差二乗和をなるべく小さくするのではなく、尤度をなるべく大きくする**ようなパラメータを計算する

ロジスティック回帰を使うと、最も尤度の高いパラメータが求まり、そのパラメータを用いて計算することで、各データについて、目的変数が1になる確率(本節で扱った例では、合格する確率)を予測することができます。確率を予測後、予測値が0.5以上であれば合格、0.5未満であれば不合格、のように閾値を設定して分類する、といった使われ方をします。

分類問題で用いられる手法なのですが、いったん確率という連続値を回帰しているため、ロジスティック**回帰**と表現されます。

なお、今回は説明を簡単にするために、$q = \frac{1}{1+e^{(-(ax+b))}}$ という簡単な式を使ったので、求めるパラメータは2つのみでしたが、当然、柔軟に設定することができます。次のように、$e^{(-f(x))}$ の $f(x)$ の部分は、目的に応じて変更するようにしましょう。

$$q = \frac{1}{1+e^{(-(ax_1+bx_2+cx_3+d))}}$$

$$q = \frac{1}{1+e^{(-(ax_1+bx_1^2+cx_2+d))}}$$

実践編1（irisデータ）

本項では、irisというよく使われるサンプルデータを用いて、前項までで学んだロジスティック回帰を実践していきます。

ローカル上でJupyter Notebook、もしくはクラウド上にてGoogle Colaboratoryを起動してください。

まずは、必要なライブラリを読み込みます。

```
import numpy as np
import pandas as pd
import matplotlib.pyplot as plt
%matplotlib inline

from sklearn.linear_model import LogisticRegression
from sklearn.metrics import accuracy_score
from sklearn.model_selection import train_test_split
from sklearn.datasets import load_iris
```

データ処理用ライブラリとしてnumpyとpandas、可視化用ライブラリとしてmatplotlibをインポートしています。また、6行目で、scikit-learnに含まれるロジスティック回帰用のライブラリを読み込んでいます。7行目では正解率を計算するのに便利な `accuracy_score` 関数、8行目ではデータ分割に便利な `train_test_split` 関数を読み込んでいます。また、9行目では、scikit-learnに含まれるデータセットの中からirisデータを読み込んでいます。

`load_iris()` という関数でデータがロードされるので、`iris` という変数名でそれを格納します。

また、`iris.DESCR` でデータセットの詳細を確認することができます。

```
iris = load_iris()
print(iris.DESCR)
```

■ SECTION-011 ■ ロジスティック回帰

● 実行結果

```
Iris plants dataset
--------------------

**Data Set Characteristics:**

    :Number of Instances: 150 (50 in each of three classes)
    :Number of Attributes: 4 numeric, predictive attributes and the class
    :Attribute Information:
        - sepal length in cm
        - sepal width in cm
        - petal length in cm
        - petal width in cm
        - class:
                - Iris-Setosa
                - Iris-Versicolour
                - Iris-Virginica

    :Summary Statistics:

    ============== ==== ==== ======= ===== ====================
                    Min  Max   Mean    SD   Class Correlation
    ============== ==== ==== ======= ===== ====================
    sepal length:   4.3  7.9   5.84   0.83    0.7826
    sepal width:    2.0  4.4   3.05   0.43   -0.4194
    petal length:   1.0  6.9   3.76   1.76    0.9490  (high!)
    petal width:    0.1  2.5   1.20   0.76    0.9565  (high!)
    ============== ==== ==== ======= ===== ====================

    :Missing Attribute Values: None
    :Class Distribution: 33.3% for each of 3 classes.
    :Creator: R.A. Fisher
    :Donor: Michael Marshall (MARSHALL%PLU@io.arc.nasa.gov)
    :Date: July, 1988

The famous Iris database, first used by Sir R.A. Fisher. The dataset is taken
from Fisher's paper. Note that it's the same as in R, but not as in the UCI
Machine Learning Repository, which has two wrong data points.

This is perhaps the best known database to be found in the
pattern recognition literature.  Fisher's paper is a classic in the field and
is referenced frequently to this day.  (See Duda & Hart, for example.)  The
data set contains 3 classes of 50 instances each, where each class refers to a
type of iris plant.  One class is linearly separable from the other 2; the
latter are NOT linearly separable from each other.

.. topic:: References
```

```
- Fisher, R.A. "The use of multiple measurements in taxonomic problems"
  Annual Eugenics, 7, Part II, 179-188 (1936); also in "Contributions to
  Mathematical Statistics" (John Wiley, NY, 1950).
- Duda, R.O., & Hart, P.E. (1973) Pattern Classification and Scene Analysis.
  (Q327.D83) John Wiley & Sons.  ISBN 0-471-22361-1.  See page 218.
- Dasarathy, B.V. (1980) "Nosing Around the Neighborhood: A New System
  Structure and Classification Rule for Recognition in Partially Exposed
  Environments".  IEEE Transactions on Pattern Analysis and Machine
  Intelligence, Vol. PAMI-2, No. 1, 67-71.
- Gates, G.W. (1972) "The Reduced Nearest Neighbor Rule".  IEEE Transactions
  on Information Theory, May 1972, 431-433.
- See also: 1988 MLC Proceedings, 54-64.  Cheeseman et al"s AUTOCLASS II
  conceptual clustering system finds 3 classes in the data.
- Many, many more ...
```

この説明から、このデータセットは、irisという植物に関して、次の情報を持つ150の観測値が含まれたデータであることがわかります。

項目	意味
sepal length	がく片の長さ(cm)
sepal width	がく片の幅(cm)
petal length	花びらの長さ(cm)
petal width	花びらの幅(cm)
class	irisの種類(Setosa、Versicolour、Virginicaの3種)

これらのうち、最後のclassは目的変数として、それ以外の4つは説明変数として用いることができそうです。

データの内容が理解できたところで、次はデータの中身を確認してみましょう。まずは、pandasのデータフレームで、データを読み込んでみます。

```
tmp_data = pd.DataFrame(iris.data, columns=iris.feature_names)
tmp_data["target"] = iris.target
```

`iris.data`に説明変数として使えそうな4つのデータ、`iris.target`に種類の情報が入っているので、それぞれ読み込みます。

ここで、`iris.target`の値は、データがSetosaの場合は`0`、Versicolourの場合は`1`、Virginicaの場合は`2`で記録されています。

3種類の分類ももちろん可能ですが、まずはSetosaとVersicolourの2種類を分類してみます。

下記を実行して、SetosaとVersicolourのデータのみ抽出してください。

```
data_iris = tmp_data[tmp_data['target'] <= 1]
```

■ SECTION-011 ■ ロジスティック回帰

データを抽出できたら、中身を確認してみましょう。

```
print(data_iris.head())
print(data_iris.shape)
```

●実行結果

```
   sepal length (cm)  sepal width (cm)  ...  petal width (cm)  target
0                5.1               3.5  ...               0.2       0
1                4.9               3.0  ...               0.2       0
2                4.7               3.2  ...               0.2       0
3                4.6               3.1  ...               0.2       0
4                5.0               3.6  ...               0.2       0

[5 rows x 5 columns]
(100, 5)
```

データの概要を確認するため、前章同様に可視化を行ってみましょう。前章では、Seabornライブラリを用いましたが、今回は、matplotlibライブラリを使ってみましょう。

`scatter` という散布図を描く関数を使います。x軸の変数、y軸の変数を与えて実行してください。下記では、x軸にがく片の長さ、y軸にがく片の幅を指定しています。

```
plt.scatter(data_iris.iloc[:, 0], data_iris.iloc[:, 1])
```

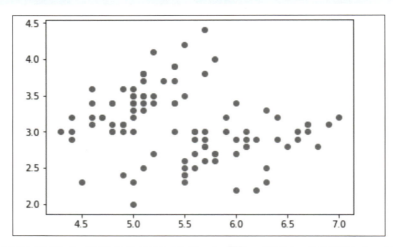

もう少し工夫して、種ごとに色を変えてみましょう。 `c` という引数に、どの変数によって色を分けたいか与えると、自動で色付けしてくれます。

```
plt.scatter(data_iris.iloc[:, 0], data_iris.iloc[:, 1], c=data_iris["target"])
```

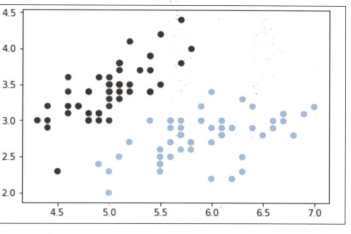

他にも、がく片の幅と花びらの長さで散布図を描いてみます。

```
plt.scatter(data_iris.iloc[:, 1], data_iris.iloc[:, 2], c=data_iris["target"])
```

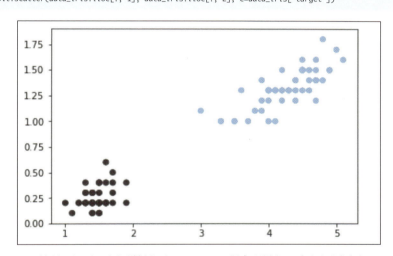

これらの結果から、なんとなく種類によってデータの傾向が異なることがわかります。

■ SECTION-011 ■ ロジスティック回帰

▶ 1つの説明変数でロジスティック回帰

本題のロジスティック回帰を行いましょう。とりあえず、説明変数にはsepal length(がく片の長さ)のみを指定してみます。

つまり、yをSetosaでは0、Versicolourでは1をとる変数、xをがく片の長さとしたとき、次のような式で尤度を表現し、最も尤度が大きくなるパラメータ(w_1, w_0)を求めます。

$$q = \frac{1}{1 + e^{(-(w_1 x + w_0))}}$$

まずは、下記を実行し、scikit-learnのロジスティック回帰用のインスタンスを生成します。

```
logit = LogisticRegression()
```

なお、初版(第1刷)の執筆時から、デフォルトで使用される、ソルバーが変更されました。ソルバーとは各パラメータを求めるための、最適化アルゴリズムを指します。

下記のように、`solver` に `liblinear` を指定すると、書籍中の結果と一致します。

```
logit = LogisticRegression(solver='liblinear')
```

次に、説明変数、目的変数をそれぞれ指定し、`fit()` という関数を実行するだけです。

```
x_column_list = ['sepal length (cm)']
y_column_list = ['target']

x = data_iris[x_column_list]
y = data_iris[y_column_list]

logit.fit(x, y)
```

これだけで、ロジスティック回帰におけるパラメータ学習が完了しました。線形回帰同様に、非常に簡単に実行することができます。

学習されたパラメータの値は、下記で確認することができます。

```
print(logit.coef_)
print(logit.intercept_)
```

● 実行結果

```
[[0.58776499]]
[-3.08609863]
```

`coef_` は前述した式の w_1 に該当し、`intercept_` は同じく前述した式の w_0 に該当します。

w_1 の値はプラスなので、がく片の長さが大きくなると、Versicolourである確率も大きくなることを意味しています。

▶ 複数の説明変数でロジスティック回帰

続いて、複数の説明変数でロジスティック回帰を実践し、結果がどう変化するか確認してみます。

```
logit_multi = LogisticRegression()

x_column_list = ['sepal length (cm)', 'sepal width (cm)',
                 'petal length (cm)', 'petal width (cm)']
y_column_list = ['target']

x = data_iris[x_column_list]
y = data_iris[y_column_list]

logit_multi.fit(x, y)

print(logit_multi.coef_)
print(logit_multi.intercept_)
```

◉実行結果
```
[[-0.40247392 -1.46382925  2.23785648  1.00009294]]
[-0.25906453]
```

`sepal length (cm)`に関する値がプラスからマイナスになりました。

▶ 予測

学習されたパラメータ情報を使って、予測を行ってみましょう。

まずは、がく片の長さ情報のみを使って予測してみます。前章の実践編と同様に、学習に用いるデータと、予測に用いるデータに分割します。

```
x_column_list = ['sepal width (cm)']
y_column_list = ['target']

X_train, X_test, y_train, y_test = train_test_split(
    data_iris[x_column_list], data_iris[y_column_list], test_size=0.2)
```

CHAPTER 03で学んだ通り、再現性のある分割をしたい場合は、`random_state`引数を与えるようにしましょう。ここでは、8:2の割合で学習用と予測用に分割しています。

それでは、学習用のデータを使って、まずはパラメータを求めましょう。

```
logit2 = LogisticRegression()
logit2.fit(X_train, y_train)

print(logit2.coef_)
print(logit2.intercept_)
```

● 実行結果
```
[[-0.9292056]]
[2.68604323]
```

次にこちらのパラメータを使って、種を予測してみます。予測には、**predict()** 関数を用います。

```
y_pred = logit2.predict(X_test)
```

fit() を使う際は引数に説明変数と目的変数を与えましたが、**predict()** では説明変数のデータのみ与えます。

予測結果を出力して確認してみましょう。

```
print(y_pred)
```

● 実行結果
```
[1 0 1 0 0 0 0 0 0 0 0 0 0 0 0 0 0 1 1 0]
```

予測用データそれぞれについて、種が **0**(Setosa)なのか **1**(Versicolour)なのか予測結果が生成されています。

学習がうまくできていれば、**y_pred** と **y_test** の値は一致しているはずです。どの程度、当たっているのか、**accuracy_score** 関数を使って確認してみましょう。

```
print(accuracy_score(y_test, y_pred))
```

● 実行結果
```
0.65
```

65%の正解率(100回予測したとすると、65回は正解)という結果でした。
これではあまり良い精度とはいえないので、次は説明変数を増やして予測してみましょう。
まずは、学習してパラメータを求めます。

```
x_column_list = ['sepal length (cm)', 'sepal width (cm)',
                 'petal length (cm)', 'petal width (cm)']
y_column_list = ['target']

X_train, X_test, y_train, y_test = train_test_split(
    data_iris[x_column_list], data_iris[y_column_list], test_size=0.2)

logit_multi2 = LogisticRegression()
logit_multi2.fit(X_train, y_train)

print(logit_multi2.coef_)
print(logit_multi2.intercept_)
```

●実行結果

```
[[-0.39092991 -1.37977078  2.11584343  0.9722389 ]]
[-0.25376277]
```

このパラメータを使って正解率を計算してみます。

```
y_pred = logit_multi2.predict(X_test)
print(accuracy_score(y_test, y_pred))
```

●実行結果

```
1.0
```

正解率100%という結果になりました。説明変数を増やすと、完璧に予測できることがわかりました。

今回、種をSetosaとVersicolourに限定しましたが、次のように実践して結果がどうなるか確かめてみましょう。

- VersicolourとVirginicaに限定する
- 3種類すべて使う

実践編2（Tweetデータ）

前項では、事前に用意されたデータを使って、ロジスティック回帰を行いました。本項では、Twitter APIを用いて@Np_Ur_と@lucky_CandRのツイートデータを取得し、ロジスティック回帰でどちらのツイートなのか分類してみます。

Twitter APIを使用するには、開発者登録を行い、次の4つの情報を取得する必要があります。

- Consumer Key
- Consumer Secret
- Access Token
- Access Token Secret

下記のURLにアクセスし、登録を完了させてください。

URL　https://developer.twitter.com/

登録方法はよく変わってしまうため、本書では詳細な手順は省略します。「Twitter API登録」などと検索して表示されるWebサイトの中から、なるべく新しい情報を見つけ、それらを参考にしながら登録してください。

もし、Twitter API登録が面倒な場合は、Githubのソースコード置き場に一緒に、実際にTwitter APIで取得したサンプルデータがあるので参考にしてください。その場合、次の「APIによるデータ取得」は読み飛ばして、「特徴量作成」まで進んでください。

▶ APIによるデータ取得

APIについては、下記の公式サイトに、データの説明や取得方法が紹介されています。詳しくは下記をご覧ください。

> **URL** https://developer.twitter.com/en/docs/api-reference-index

今回は、その中から、ユーザーのタイムライン情報を取得する、次のAPIを使用します。

> **URL** https://developer.twitter.com/en/docs/tweets/timelines/
> api-reference/get-statuses-user_timeline

まずは、Twitter APIを使うための認証を行いましょう。取得した4つの情報をそれぞれ入力して下記を実行してください。

```python
import requests
from requests_oauthlib import OAuth1Session

# 取得したkey情報
access_token = 'XXXXXXXX'
access_token_secret = 'XXXXXXXX'
consumer_key = 'XXXXXXXX'
consumer_key_secret = 'XXXXXXXX'

# APIの認証
twitter = OAuth1Session(consumer_key, consumer_key_secret, access_token, access_token_secret)
```

認証が完了すれば、下記のように実行することでツイートを取得することができます。

```python
# タイムライン取得用のURL
url = "https://api.twitter.com/1.1/statuses/user_timeline.json"

# パラメータの定義
params = {'screen_name':'Twitterアカウント名',
          'exclude_replies':True,
          'include_rts':False,
          'count':200}

# リクエストを投げる
res = twitter.get(url, params = params)
```

なお、paramsで取得するデータをカスタマイズできます。

パラメータ	説明
'screen_name'	ユーザーを指定する
'exclude_replies'	リプライを含むかどうか
'include_rts'	リツイートを含むかどうか
'count'	一度に取得するツイート件数を指定する。最大で200

それでは、@Np_Ur_アカウントのツイートを2000件分取得して、ファイルに保存してみます。ただし、リンクや特殊文字などは情報として邪魔なので、保存前に除いてあげましょう。`normalize_text()` を用意したので、こちらの関数を通してから保存します。

```python
# URLや特殊文字など削除
def normalize_text(text):
    text = re.sub(r'https?://[\w/:%#\$&\?\(\)~\.=\+\-…]+', "", text)
    text = re.sub('RT', "", text)
    text = re.sub('お気に入り', "", text)
    text = re.sub('まとめ', "", text)
    text = re.sub(r'[!-~]', "", text)
    text = re.sub(r'[：-@]', "", text)
    text = re.sub('\u3000',"", text)
    text = re.sub('\t', "", text)
    text = re.sub('\n', "", text)
    text = text.strip()
    return textt


# パラメータの定義
params = {'screen_name':'Np_Ur_',
          'exclude_replies':True,
          'include_rts':False,
          'count':200
         }


f_out = open('np_ur_.tsv','w')

for _ in range(10):
    res = twitter.get(url, params = params)

    if res.status_code == 200:

        timeline = json.loads(res.text)
        if len(timeline) == 0:
            break

        # 各ツイートの本文を表示
        for i in range(len(timeline)):
            f_out.write(normalize_text(timeline[i]['text']) +  '\t' + "0" + '\n')

        #  一番最後のツイートIDをパラメータmax_idに追加
        params['max_id'] = timeline[len(timeline) - 1]['id'] - 1

f_out.close()
```

■ SECTION-011 ■ ロジスティック回帰

一度に取得できるツイート数はmaxで200個なので、10回ループを回しています。各ループで取得できた最も古いツイートIDを取得し、次にリクエストをかけるときには、一番古いツイートIDの次から取得するようにしています。

なお、Google Colaboratory を使っている場合は、下記を実行すると、手元にファイルをダウンロードすることができます。

```python
from google.colab import files
files.download('np_ur_.tsv')
```

同様に、@lucky_CandR のツイートも取得しましょう。

```python
# パラメータの定義
params = {'screen_name':'lucky_CandR',
          'exclude_replies':True,
          'include_rts':False,
          'count':200
         }

f_out = open('lucky_CandR.tsv','w')

for _ in range(10):
    res = twitter.get(url, params = params)

    if res.status_code == 200:

        timeline = json.loads(res.text)
        if len(timeline) == 0:
            break

        # 各ツイートの本文を表示
        for i in range(len(timeline)):
            f_out.write(normalize_text(timeline[i]['text']) +  '\t' + "1" + '\n')

        # 一番最後のツイートIDをパラメータmax_idに追加
        params['max_id'] = timeline[len(timeline) - 1]['id'] - 1

f_out.close()
```

2つのファイルが取得できたので、1つのファイルにまとめて保存しておきましょう。

```python
# データ結合
import pandas as pd


tsv_files = ['np_ur_.tsv', 'lucky_CandR.tsv']
list = []

for file in tsv_files:
```

```
    list.append(pd.read_csv(file, delimiter='\t', header=None))
df = pd.concat(list, sort=False)

df.to_csv( 'tweets.tsv', sep='\t',index=False)
```

▶特徴量作成

テキストのままでは学習させることはできないので、定量化する必要があります。定量化する手法はさまざまありますが、今回はTF-IDFを用います。TF-IDFとは、各文書(ここでは各ツイート)における各単語の重要度を表す値です。他の文書にはあまり登場せず、ある文書によく登場する単語ほど重要であるという考えをもとにした指標で、重要になるほどTF-IDF値は大きくなります。

TF-IDFによって定量化するためには、まず各文書を分かち書きする必要があります。分かち書きの方法はいろいろとありますが、有名なMecabを使います。

Google Colaboratoryでインストールする場合は、下記のコマンドを打つだけです。

```
!apt install aptitude
!aptitude install mecab libmecab-dev mecab-ipadic-utf8 git make curl xz-utils file -y
!pip install mecab-python3==0.7
```

Mecabは辞書をもとに単語を分割していくため、辞書に登録されている単語に依存します。

デフォルトよりもNeologdという辞書のほうが最新単語などにも対応できるため、そちらを使うように変更します。

```
!git clone --depth 1 https://github.com/neologd/mecab-ipadic-neologd.git
!echo yes | mecab-ipadic-neologd/bin/install-mecab-ipadic-neologd -n

# 辞書変更
!sed -e "s!/var/lib/mecab/dic/debian!/usr/lib/x86_64-linux-gnu/mecab/dic/mecab-ipadic-neologd!g" /etc/mecabrc < /etc/mecabrc.new
!cp /etc/mecabrc /etc/mecabrc.org
!cp /etc/mecabrc.new /etc/mecabrc
```

試しにMecabを使用してみましょう。下記のように、品詞ごとに分解されていることわかります。もちろん、辞書依存なので、正確に分解できないこともあるため、そこは注意が必要です。

```
import MeCab

tagger = MeCab.Tagger()
# 初期化
tagger.parse('')

node = tagger.parseToNode('AKB48よりも乃木坂のほうが好き')
while node:
    print(node.surface, node.feature)
    node = node.next
```

■ SECTION-011 ■ ロジスティック回帰

●実行結果
```
BOS/EOS,*,*,*,*,*,*,*,*
AKB 名詞,一般,*,*,*,*,*
48 名詞,数,*,*,*,*,*
より 助詞,格助詞,一般,*,*,*,より,ヨリ,ヨリ
も 助詞,係助詞,*,*,*,*,も,モ,モ
乃木坂 名詞,固有名詞,一般,*,*,*,乃木坂,ノギザカ,ノギザカ
の 助詞,連体化,*,*,*,*,の,ノ,ノ
ほう 名詞,非自立,一般,*,*,*,ほう,ホウ,ホー
が 助詞,格助詞,一般,*,*,*,が,ガ,ガ
好き 名詞,形容動詞語幹,*,*,*,*,好き,スキ,スキ
 BOS/EOS,*,*,*,*,*,*,*,*
```

それでは、ツイートデータを単語に分解していきましょう。

まず、先ほど取得したツイートデータが含まれるtsvファイルを読み込みます。

```python
data_tweet = pd.read_csv('tweets.tsv',  sep="\t")
data_tweet = data_tweet.dropna()
y = data_tweet.iloc[:,1].values


tagger = MeCab.Tagger()
tagger.parse('')

# 文字列を単語で分割しリストに格納する
def word_tokenaize(texts):
    node = tagger.parseToNode(texts)
    word_list = []
    while node:
        word_type = node.feature.split(",")[0]
        if (word_type == '名詞')|(word_type == '形容詞'):
            word = node.feature.split(",")[6]
            if word != '*':
               word_list.append(word)
        node = node.next

    return word_list
```

分かち書きに関して、名詞と形容詞だけ抽出するように実装しています。sklearnを使えば簡単にTF-IDFを計算してくれます。

```python
from sklearn.feature_extraction.text import TfidfVectorizer
from sklearn.tree import DecisionTreeClassifier
from sklearn.model_selection import StratifiedKFold

vectorizer = TfidfVectorizer(tokenizer=word_tokenaize)
```

```
tweet_matrix = vectorizer.fit_transform(data_tweet.iloc[:,0])
X = tweet_matrix.toarray()
print(X.shape)
```

◉実行結果
```
(903, 1984)
```

長かったですが、やっとツイート取得から特徴量作成まで完了しました。1984の特徴量をもとに、ロジスティック回帰を実践します。

▶ ロジスティック回帰を実践

129ページのirisを用いた例と同様に、ロジスティック回帰と予測を行います。

```
X_train, X_test, y_train, y_test = train_test_split(X, y, test_size=0.2)

logit_multi2 = LogisticRegression()
logit_multi2.fit(X_train, y_train)

print(logit_multi2.coef_)
print(logit_multi2.intercept_)
```

◉実行結果
```
[[-0.07098636  0.5043844  -0.24519515 ...  0.0894596  -0.0569889
  -0.03996954]]
[-1.1705101]
```

学習が完了しました、続いて予測を行います。

```
y_pred = logit.predict(X_test)
print(accuracy_score(y_test, y_pred))
```

◉実行結果
```
0.9281767955801105
```

約93%の正解率という結果になりました。まあまあのモデルを作ることができました。ツイートを一覧でみてみると、2つのアカウントで傾向が大きく異なるため、簡単な問題だったかもしれません。

それぞれのパラメータの値を分析し、どの単語が主によく効いているのか検証してみてください。

また、知り合いや、有名人のTwitterアカウントで実践してみるのも面白いはずです。ぜひ、遊んでみてください。

SECTION-012

決定木

本節では、分類問題でよく使われる、**決定木**について説明していきます。

よく使われる理由として、アルゴリズム自体がとてもシンプルな点、かつRやPythonで使えるパッケージが豊富という点、そして何よりも結果の可読性が高いという点があります。「どうしてこのモデルは、このような判断をしたのだろう?」という疑問に対して、決定木では明確な回答を得ることができます。

決定木とは

決定木は、**条件分岐**によってグループを分割していき、分類を行う手法です。その際に、**グループがなるべく同じような属性で構成される**ように分割するのがポイントです。

たとえば、次のようにデータがプロットされたとします。これは、ある2つの学校AとBの生徒の数学と国語の点数の分布です(右にいくほど数学の点が高く、上にいくほど国語の点数が高い)。なお、Aの学生は四角、Bの学生は丸でプロットしています。

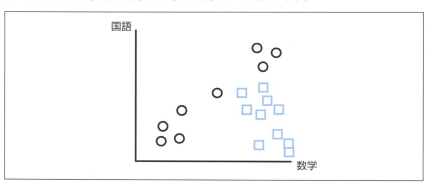

2つの学校の生徒を分類するにはどうしたらいいのでしょうか。

たとえば、数学の点数(横軸)で80点(仮)を境にして区切ってみると、80点以上が学校Aと学校Bのグループ、80点未満が学校Bのグループにざっくりと分割することができます。

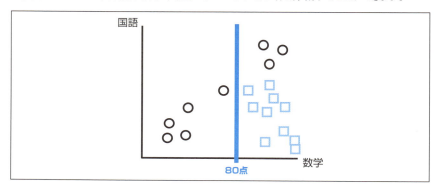

数学80点以上のグループにAとBが混ざっているので、今度は、国語の点数に注目して、国語60点を境にすると、AとBを完全に分けることができました。

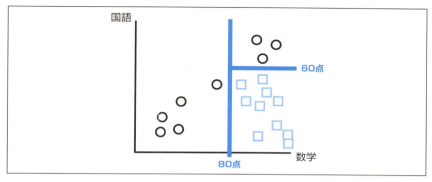

今の流れを図に表すと、次のようになります。

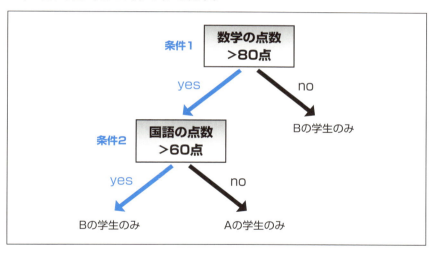

このような条件分岐を繰り返すことで、上図のようにツリー状にどんどん展開されていきます。この見た目が木のようであることが、決定木といわれる所以です。

また、木を構成している要素をノードと呼びます。今回の例では、最終的に次のノードから構成される木が作られています。

- 数学の点数が80点以下の、Bの学生のみのノード
- 数学の点数が80点よりも大きく国語の点数が60点よりも大きい、Bの学生のみのノード
- 数学の点数が80点よりも大きく国語の点数が60点以下の、Aの学生のみのノード

▪ SECTION-012 ▪ 決定木

さて、ここで、下記のような疑問を持った方がいるかもしれません。
- 分割の基準（今回の例では、国語や数学の点数）はどうやって決めるのか？
- 数学からじゃなくて国語から分割しちゃだめなのか？
- 数学、国語以外に物理、化学など他にも多くのデータがあったとき、分割の規則はどうなるのか？

これらの疑問については、次項で紹介する**不純度**という考え方をもとに解決していきます。

▎不純度の考え方

決定木では、分割後のグループの不純度という指標が、**一番小さくなるような基準**を選び、分割していきます。

不純度とは、言葉から連想されるイメージの通り、次の性質を満たす指標です。
- いろいろなクラスが混在するグループほど、不純度が高くなる
- ある1つのクラスで構成されている、もしくはある1つのクラスの割合が大多数を占めるほど、不純度は低くなる

不純度が小さくなるという部分が少しわかりにくいと思うので、ここで「ウォーリーを探せ」にたとえてみます。

ウォーリーを探せで遊ぶ際に、まず次の3つの方法を思いついたとします。
1. 紙面の右側に掲載されている人と、左側に掲載されている人で分割して探す
2. 紙面の上側に掲載されている人と、下側に掲載されている人で分割して探す
3. 赤と白のボーダーを着ている人と、そうでない人で分割して探す

仮に、1の分割方法を試したとしても、分けた2つのグループにあまり違いが生まれず、あまり探し方として効率が良いとはいえません。このような分割をしても、ウォーリーを探しやすくはなりません。2の分割も同様です。

3の分割方法を試すと、分割後のグループに特徴のある集団が固まり、情報がすっきりします。この後、ウォーリーを探しやすくなるでしょう。

すなわち、次のように考えられます。
- 「分割後のグループに違いがあまりない」=「不純度が大きい」→ 悪い分割方法
- 「分割後のグループがある集団で固まっている」=「不純度が小さい」→ 良い分割方法

これまでの説明で、何となくざっくり「不純度」というものが捉えられました。これを、ざっくりではなく数式を使って表現してみましょう。

■ SECTION-012 ■ 決定木

不純度を表す代表的な関数として、下記が挙げられます（t を各ノード、$P(C_i|t)$ をノード t におけるあるクラス C_i の占める割合、K クラスの数とする）。

◉ 誤り率
$$E(t) = 1 - \max_i P(C_i|t)$$

◉ 交差エントロピー
$$E(t) = -\sum_{i=1}^{K} P(C_i|t) ln P(C_i|t)$$

◉ ジニ係数
$$E(t) = 1 - \sum_{i=1}^{K} P^2(C_i|t)$$

今回は、実際にジニ係数を計算しながら、不純度の違いを確認してみます。

たとえば、学校A・Bそれぞれ100人ずつ計200人いる状態から、2つのルールで分割した結果が以下のようになったとします。

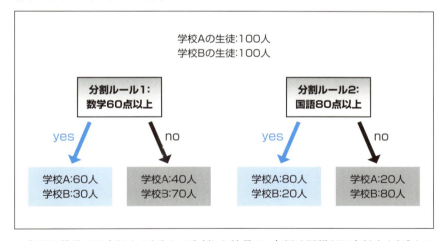

左側は数学が60点以上かどうかで分割した結果で、右側は国語が80点以上かどうかで分割した結果です。右側のルールで分割した方が情報がスッキリしていますが、実際に不純度を計算して確認してみましょう。

今の例の場合はクラスは次の2つです。

$$C_1 = 学校\ A, \quad C_2 = 学校\ B$$

また、ノードについては、分割ルール1の前では、次の全データを含むただ1つのノードだけです。

$$t = 全体$$

一方で、分割ルール1の適用後は、次の2つのノードからなっています。

$$t_1 = \text{yes}, \quad t_2 = \text{no}$$

SECTION-012 決定木

　これらに注意し、前述の定義に従って、ジニ係数を採用した場合の不純度を実際に計算してみます。まずは、ルール1による分割後の不純度を求めます。

　分割ルール1の'yes'グループのノード $t = t_1 = \text{yes}$ のジニ係数 $E(\text{yes})$ は、

$$P(学校\ A|\text{yes}) = \frac{60}{90}, \quad P(学校\ B|\text{yes}) = \frac{30}{90}$$

なので、次のようになります。

$$E(\text{yes}) = 1 - \left(\left(\frac{60}{90}\right)^2 + \left(\frac{30}{90}\right)^2\right) = \frac{4}{9}$$

一方、分割ルール1の'no'グループのノード $t = t_2 = \text{no}$ のジニ係数 $E(\text{no})$ は、

$$P(学校\ A|\text{no}) = \frac{40}{110}, \quad P(学校\ B|\text{no}) = \frac{70}{110}$$

なので、次のようになります。

$$E(\text{no}) = 1 - \left(\left(\frac{40}{110}\right)^2 + \left(\frac{70}{110}\right)^2\right) = \frac{56}{121}$$

　これらをもとに、それぞれのノード $t_1 = \text{yes}$ と $t_2 = \text{no}$ に属する生徒の数で重み付けした和を求めてあげると、分割ルール1による分割をしたあとの不純度 $I_{ルール1\ 分割後}$ は次のようになります。

$$\begin{aligned}I_{ルール1\ 分割後} &= \frac{90}{200} \times E(\text{yes}) + \frac{110}{200} \times E(\text{no}) \\ &= \frac{90}{200} \times \frac{4}{9} + \frac{110}{200} \times \frac{56}{121} \\ &\approx 0.454545\end{aligned}$$

　これで分割ルール1による分割後の不純度が求まりました。

　次に、分割前の不純度も同様に求めてみましょう。こちらは簡単で、ノードが全体の1つしかありませんから、ジニ係数がそのまま不純度になります。つまり、次のようになります。

$$\begin{aligned}I_{分割前} &= 1 - \left(P(学校\ A|\ 全体)^2 + P(学校\ B|\ 全体)^2\right) \\ &= 1 - \left(\left(\frac{100}{200}\right)^2 + \left(\frac{100}{200}\right)^2\right) \\ &= \frac{1}{2} \\ &= 0.5\end{aligned}$$

　以上で分割の前後での不純度が計算できたので、ルール1による分割によって減った不純度 $\Delta I_{ルール1}$ は、次の式で表せます。

$$\Delta I_{ルール1} = I_{分割前} - I_{ルール1\ 分割後}$$

　上記の計算結果をこの式に代入して実際に求めてみると、ルール1による分割の前後での不純度の減少分は、$\Delta I_{ルール1} \approx 0.045$ となります。

同様に分割ルール2でも不純度の差分を計算してみると、$\Delta I_{\text{ルール2}} \approx 0.18$ となることがわかります。

この差分をさまざまな分割ルールで計算し、差分の大きいもの、つまり**最も不純度が減少したルールを適用**すればよいわけです。今回の例では分割ルール2を採用したほうがいいということになります。

図の数値からも、分割ルール2の方がよく分類できていることがわかるので、直観に合っている結果が出ています。

決定木と剪定

前項では、「誤り率・交差エントロピー・ジニ係数などで計算された不純度を、最も減少させるように分割を進めていく」と説明しました。

たとえば、下のグラフ内のデータを分割していくとしましょう。このグラフは、Aクラス（四角）の生徒とBクラス（丸）の生徒を、国語と数学の点数によってプロットしたものです。

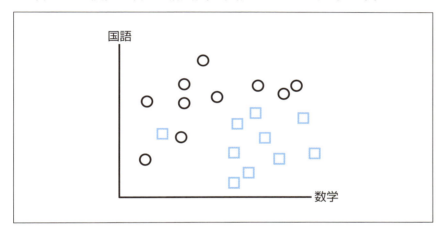

■ SECTION-012 ■ 決定木

不純度が減少するように分割を進めると、次のようになります。

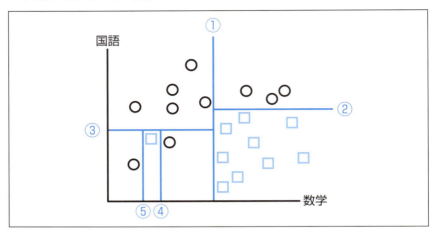

5回の分割を行うことで、やっと完璧に分類することができました。この分割を木で表現すると、下図のようになります。

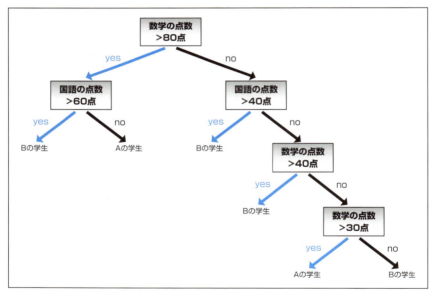

しかし、もう一度、最初のプロット図を見ると、Aクラス（四角）の生徒で1人だけ、ポツンと離れた位置にありますよね？　これはもしかすると外れ値かもしれません。

この外れ値があるがために、分割回数が多くなり、結果として木が大きくなってしまいます。これは、機械学習でよく問題になる過学習を引き起こしていることになります。

学習データへの当てはまりを良くするために木を大きくすると、過学習が起こりやすくなるので、できれば避けたいところです。

仮に、この外れ値を無視すると、分割回数は2回となり、木は下図のように非常にシンプルになります。

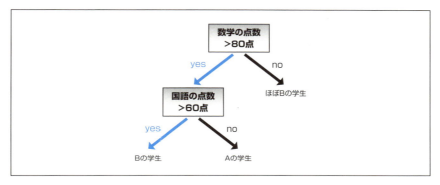

先ほどの木と比べると、右下の枝がバサッとハサミで切られたようになっています。

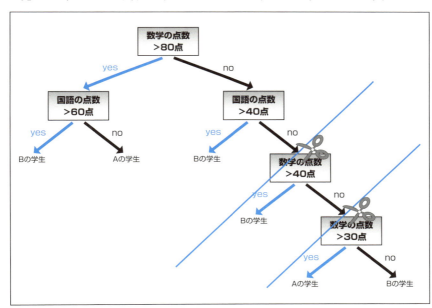

このような、木の下部分を切ってもとの木よりも小さくすることを**剪定**といいます。剪定、つまりは枝切りのことです。

この2つの木があったときに、どちらが汎用性があるかといえば、恐らく後者でしょう。前者の場合は、たまたま（かもしれない）現れたAの学生にとても影響を受けてしまい、別のデータでテストしてみると、まったく役に立たないということが考えられます。

このように、分割回数を増やせば増やすほど、つまり木が大きくなればなるほど、厳密に分割できるようになる反面、**汎用性がなくなってしまうというデメリット**があります。

■ SECTION-012 ■ 決定木

▌実践編1（irisデータ）

本項では、129ページでも用いたirisデータを使い、決定木を実践します。

ローカル上でJupyter Notebook、もしくはクラウド上にてGoogle Colaboratoryを起動してください。

まずは、必要なライブラリを読み込みます。

```
import numpy as np
import pandas as pd
from sklearn.tree import DecisionTreeClassifier
from sklearn.model_selection import train_test_split
from sklearn.metrics import accuracy_score

from sklearn.datasets import load_iris
```

データ処理用ライブラリとしてnumpyとpandasを読み込んでいます。また、3行目で、scikit-learnに含まれる決定木用のライブラリを読み込んでいます。4行目では検証用のデータ分割に便利なtrain_test_split、5行目では正解率を計算するのに便利なaccuracy_scoreを読み込んでいます。

必要なライブラリがインポートできたら、`load_iris()` 関数を使ってirisのデータを読み込みましょう。

```
iris = load_iris()
X, y = iris.data, iris.target

X_train, X_test, y_train, y_test = train_test_split(X, y, test_size=0.3)
```

続いて、次のように、決定木モデルのインスタンスを作ります。

```
# model インスタンス
clf = DecisionTreeClassifier(max_depth=3)
```

決定木モデルで指定できる主なパラメータとしては下記があります。

パラメータ	説明
criterion	分割基準。giniまたはentropyを選択する（デフォルトでジニ係数）
max_depth	木の深さ。149ページで学んだように、木が深くなるほど過学習しやすいので、適当な閾値を設定する
min_samples_split	各ノードに含まれるサンプル数がいくつになるまで細かく分割するか指定する

今回の例では、`max_depth` を 3 としています。深さを深くするほどより学習データにfitするようになりますが、過学習を起こしやすいので深さを調整する必要があります。

それでは、学習と予測、そして評価を行います。これまで登場した、scikit-learnのモデルと同様に、`fit()` で学習、`predict()` で予測処理を行うことができます。

SECTION-012 決定木

```
# 学習
clf.fit(X_train, y_train)

# 評価
y_pred = clf.predict(X_test)
print(accuracy_score(y_test, y_pred))
```

◉実行結果

```
0.9777777777777777
```

木の深さを変えたり、その他のパラメータを設定すると、結果も当然変わるので試してみてください。今回の例では、次のように木の深さを5に設定すると、若干、精度が悪くなりました。

```
clf = DecisionTreeClassifier(max_depth=5)

# 学習
clf.fit(X_train, y_train)

# 評価
y_pred = clf.predict(X_test)
print(accuracy_score(y_test, y_pred))
```

◉実行結果

```
0.9333333333333333
```

木が大きくなりすぎると、過学習が発生してしまう、典型的な例です。適切な木の深さを設定して、未知データにも対応できる汎用的なモデルを作れるようにしましょう。

また、dtreevizというライブラリを使用すると、どのような分割ルールに基づいて分類されたか可視化することができます。インストールされていない場合は、下記を実行してインストールしてください。

```
!sudo apt install graphviz
!pip install dtreeviz

from dtreeviz.trees import dtreeviz

viz = dtreeviz(clf, X,  y,
    feature_names = iris.feature_rames,
    target_name = 'breed',
    class_names=[str(i) for i in iris.target_names],
    )

display(viz)
# 保存する場合
# viz.save("tree.svg")
```

■ SECTION-012 ■ 決定木

たとえば、最初の分岐では、petal lengthが2.6より小さい場合、setosaに分類されているようです。

どのように分類されたかを説明できるため、決定木は非常に便利な手法です。分類したあとは、このような可視化をして考察してみましょう。

▌▌▌ 実践編2（Tweetデータ）

irisに続いては、ツイートデータを分類していきます。137ページ同様に、@Np_Ur_と@lucky_CandRのツイート分類に挑戦します。

ただし、特徴量を作成し、変数X、yを作るするところまでは、137ページと手順がまったく一緒なので省略します。

先ほどのirisと同様に、決定木で学習していきます。

```
X_train, X_test, y_train, y_test = train_test_split(X, y, test_size=0.3)

# model インスタンス
clf = DecisionTreeClassifier(max_depth=10)

# 学習
clf.fit(X_train, y_train)

# 評価
y_pred = clf.predict(X_test)
print(accuracy_score(y_test, y_pred))
```

◉実行結果

```
0.9290123456790124
```

およそ93%ほどの正解率ということで、ロジスティック回帰よりも少し悪い結果となりました。

さて、どのようなワードが特徴的なのか可視化してみます。なお、日本語表示が文字化けしてしまうため、特徴量はidに変換したものを表示させています。

```
from dtreeviz.trees import dtreeviz

viz = dtreeviz(clf, X,  y,
    feature_names=[i for i in range(X.shape[1])],
    target_name = 'tweet',
    class_names=['NP-UR', 'C&R'],
    )

display(viz)
# 保存する場合
# viz.save("tree.svg")
```

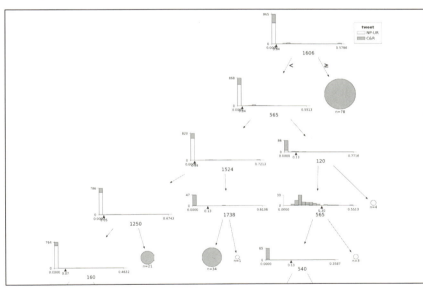

1606番目の特徴量や、1524番目の特徴量が主に分類に効いているようです。

■ SECTION-012 ■ 決定木

下記を実行して、その特徴量が何なのか確認してください。

```
words_list = vectorizer.get_feature_names()

# 分類の基準となっているワード
print(words_list[1606])
print(words_list[1524])
```

◉実行結果

> 研究所
> 犬

　最初の分岐基準は、「研究所」でした。@lucky_CandR を運用している会社の社名に「研究所」というワードが入っていることもあり、ツイートにも使われることが恐らく多いのでしょう。

SECTION-013

ランダムフォレスト

　決定木は、可読性が高いという点でよく使われる手法ですが、学習データが少し変化しただけで性能が大きく変わってしまうデメリットがあります。
　本節では、そのような問題に克服するためのバギング・ランダムフォレストという手法について紹介します。

バギングとは

　バギングは、ブートストラップサンプリングで得られた学習データを使って、モデルを複数作る手法です。それらのモデルの多数決をとることで、性能の高いモデルを作ることができます。
　ブートストラップサンプリングは、学習データをもとに復元抽出して別のデータセットを作る、という操作を繰り返し行うことで、新しいデータセットを複数作るというものです。
　復元抽出とは、たとえばボールがN個が入った袋から、1個のボールを取り出して、また袋に戻してから1個のボールを取り出すという作業をN回繰り返すといったイメージです。そうすると、元の学習データとは少し異なるデータがたくさん手に入ります。復元抽出を1000回行えば、1000個の新しいデータが生成されることになります。
　このようにして作られたデータセットを使ってモデルをたくさん作り、総合的に判断を下すというところがバギングのポイントです。

▶なぜ、複数のモデルを作ったほうがよいのか？

　たとえば、数学でわからない問題があったとしましょう。そんなあなたは、1つ学年が上のクラスの先輩方に、問題の答えを聞きに行きました。
　ある一人の先輩の回答を聞いて、「なるほど！　それが正解か！」と信じられるでしょうか？　とても優秀な先輩だった場合、それを信じていいかもしれませんが、誰にだって間違いはあるので、正直なところ他の先輩方の回答も聞いてみたいというのが本音でしょう。1人の生徒の回答結果を信じるよりも、複数の生徒の回答を聞いて一番多かった回答を正解とする方が、安心できます。
　バギングも、いろいろなモデルの結果を集めて多数決を取ることで、性能を上げ、安定したモデルを構築することができます。イメージにすると次ページのような図です。

SECTION-013 ランダムフォレスト

学習データ:

ブートストラップサンプル1　サンプル2　サンプルN

各識別器の結果の多数決をとる

　しかし、このバギングという手法にも少し問題があります。
　複数のモデルの違いは、ブートストラップサンプリングのばらつきによるものなので、似たようなモデルが多く作られてしまう可能性が高く、性能の良いモデルにならないことがあります。
　先ほどの数学の問題を先輩に質問する例を振り返ります。ある特定のクラスの生徒を複数人、集めて多数決をとっても、同じクラスに所属している生徒は皆同じ教育を受けているため、似たような人材が多いと考えられます。
　つまり、多数決をとっても皆、同じ意見しか出さないので、あまり効果がありません。仮に、多様な生徒を集めることができたら、より多様な意見が集まり、有用な意見をくれるでしょう。
　では、多様性を持った生徒を集めるにはどうしたらいいのか、ということで、次項のランダムフォレストにつながります。

ランダムフォレスト

　ランダムフォレストはバギングを改良して、**多様な**モデルをたくさん作る手法です。
　先ほどのバギングでは、モデルの違いがブートストラップサンプリングのばらつきによることだけでした。それに対してランダムフォレストでは、ブートストラップサンプリングによるばらつきに加え、**各モデルで使用する変数を、あらかじめ決められた数だけランダムに選択**するようにしてあげます。

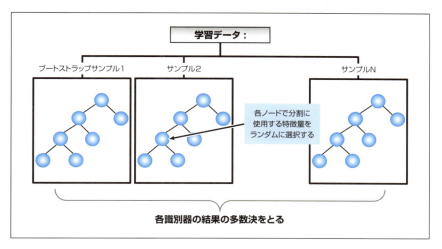

モデルによって使用する変数を変えるというとてもシンプルなアイデアですが、性能が非常に良くなります。

先ほどの数学の問題を先輩に質問する例を使って、「それぞれのモデルで変数を変える意味」を捉えてみましょう。あるクラスから生徒を集めて多数決をとる部分は先ほどのバギングと同じ考えです。今回、違う部分は、生徒それぞれが受けている授業のカリキュラムが違うという点です。同じクラスでも、生徒Aはカリキュラム1を受け、生徒Bはカリキュラム2を受けて……と生徒それぞれが別々の授業を受けているとします。こうすることで、生徒間(＝モデル間)に多様性が生まれ、さまざまな問題に対して多様な答えを出すようになります。

ちなみに、ランダムに使用する変数の数ですが、変数が全体で X 個あった場合、$\sqrt{X}$ 個が推奨されていますが、問題によって最適な数は変わるので、チューニングしながら決めましょう。

▶ ランダムフォレストのメリット

ランダムフォレストを使うメリットとして、次の点が挙げられます。

- モデルの数を大きくしても、過学習が生じにくい
- 変数の重要度を計算できる

実務で使うことを考えると、どの変数が重要か調べられるのは、非常に大きなメリットです。各変数がノードで使われたときの、不純度の減少量をモデル全体で平均することで、重要度は算出します。用途にもよりますが、変数作成の際の指標としても使えますし、レポートする場合などにも便利です。

この辺りは、次項の実際に分析していく中で、説明していきます。

■ SECTION-013 ■ ランダムフォレスト

実践編1(irisデータ)

本項では、129ページでも用いたirisデータを使い、ランダムフォレストを実践します。

ローカル上でJupyter Notebook、もしくはクラウド上にてGoogle Colaboratoryを起動してください。

まずは、必要なライブラリを読み込みます。

```python
import numpy as np
import pandas as pd
import matplotlib.pyplot as plt
%matplotlib inline

from sklearn.ensemble import RandomForestClassifier
from sklearn.model_selection import train_test_split
from sklearn.metrics import accuracy_score

from sklearn.datasets import load_iris
```

6行目で、scikit-learnに含まれるランダムフォレスト用のライブラリを読み込んでいます。

必要なライブラリがインポートできたら、`load_iris()`関数を使ってirisのデータを読み込みましょう。

```python
iris = load_iris()
X, y = iris.data, iris.target

X_train, X_test, y_train, y_test = train_test_split(X, y, test_size=0.3)
```

続いて、次のように、ランダムフォレストモデルのインスタンスを作ります。

```python
clf = RandomForestClassifier(n_estimators=10, max_depth=3)
```

ランダムフォレストで指定できる主なパラメータとしては下記があります。

パラメータ	説明
n_estimators	木をいくつ生成するか指定する。デフォルトでは10
max_depth	木の深さを設定する
max_features	分岐に用いる説明変数の数を設定する
min_sample_split	各ノードに含まれるサンプル数がいくつになるまで細かく分割するか指定する

今回の例では、n_estimatorとmax_depthを指定しています。

それでは、学習と予測、そして評価を行います。

```
# 学習
clf.fit(X_train, y_train)

# 評価
y_pred = clf.predict(X_test)
print(accuracy_score(y_test, y_pred))
```

●実行結果
```
1.0
```

正解率が100%でした。

`train_test_split()` でどのように学習用データと検証用データに分割されるかによって結果は多少異なりますが、152ページで行った決定木よりも精度は向上しました。

また、ランダムフォレストでは、特徴量の重要度を算出することができます。

```
# 特徴量の重要度
importances = clf.feature_importances_
print(importances)
```

●実行結果
```
[0.03589467 0.0244628  0.45307995 0.48656258]
```

それぞれの特徴量がどの程度、分類に活かされたか、出力してくれます。

もう少し見やすくするため、matplotlibライブラリで、棒グラフを出力させてみましょう。棒グラフは、`barh()` 関数を使います。

```
features = np.array(iris.feature_names)

# プロット
indices = np.argsort(importances)
plt.figure(figsize=(6,6))
plt.barh(range(len(indices)), importances[indices], color='b', align='center')
plt.yticks(range(len(indices)), features[indices])
plt.show()
```

■ SECTION-013 ■ ランダムフォレスト

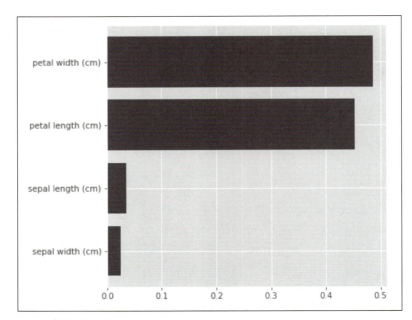

　今回作ったランダムフォレストのモデルでは、petal width（花びらの幅）やpetal length（花びらの長さ）の情報を主に用いて分類していることがわかります。

▍実践編2（ツイートデータ）

　irisに続き、ツイートデータを分類していきます。137ページ同様に、@Np_Ur_と@lucky_CandRのツイート分類に挑戦します。

　ただし、154ページと同様に、特徴量を作成して変数X、yを作るところまでは、137ページとまったく一緒なので省略します。

　それでは、ランダムフォレストで学習していきます。

```
X_train, X_test, y_train, y_test = train_test_split(X, y, test_size=0.7)

# model インスタンス
clf = RandomForestClassifier(n_estimators= 50, max_depth=20)

# 学習
clf.fit(X_train, y_train)

# 評価
y_pred = clf.predict(X_test)
print(accuracy_score(y_test, y_pred))
```

●実行結果
```
0.9598765432098766
```

精度を見ると、およそ96%ほどの正解率になっています。

最後に特徴量の重要度を可視化してみます。なお、日本語表示が文字化けしてしまうため、特徴量はidに変換したものを表示させています。

```
features = np.array(np.arange(0,len(words_list)))
# 特徴量の重要度
importances = clf.feature_importances_

indices = np.argsort(importances)[-11:]
plt.figure(figsize=(6,6))
plt.barh(range(len(indices)), importances[indices], color='b', align='center')
plt.yticks(range(len(indices)), features[indices])
# 保存する場合
# plt.savefig('rf_importance_tweet.png')
```

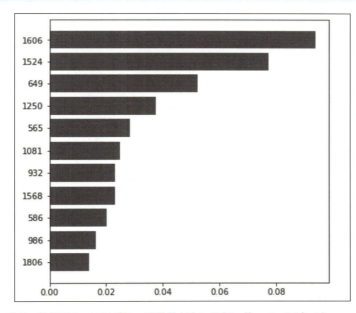

1606番目の特徴量や、1524番目の特徴量が主に分類に効いているようです。
下記を実行して、その特徴量が何なのか確認してください。

```
words_list = vectorizer.get_feature_names()

for i in indices:
  print(i, words_list[i])
```

◉実行結果

```
1806 解説
986 好評
586 予約
1568 発売
932 基礎
1081 年賀状
565 中
1250 新刊
649 会社
1524 犬
1606 研究所
```

　上位の特徴量には「犬」が来ており、これはC&R研究所の公式犬であるラッキー犬というワードの影響が出ています。

　加えて出版社ということもあり、発売や会社、新刊といった本にまつわるワードが多く見受けられます。

　このようにどういった特徴量が効いているのか見てみると、学習が間違っていないか、そもそものデータやデータの前処理が間違っていないかといった気づきにもつながりますので、ランダムフォレストを使う際は、精度と並行して重要度をぜひ確認してみましょう。

おわりに

本章では、下記の内容について理論を学びました。
- ロジスティック回帰
- 決定木
- ランダムフォレスト

　また、scikit-learn付属のサンプルデータ、そして実際のTwitterデータを使って実践を行いました。余裕があれば、今回使ったアカウント以外ではどのような結果になるのか、試してみてください。

　また、Twitterに限らず、有名なサービスが提供しているAPIは他にも多くあります。ぜひ、さまざまなデータを使って分類に挑戦してみましょう。また、その際に、手法によって精度がどう変わるのかについても確認し、考察してみましょう。

CHAPTER 05
教師なし

本章では、「教師なし学習」と表現される手法について紹介します。
　教師なし学習とひとくくりにしても種類がありますが、本章では、166ページで主成分分析という手法について、187ページではK平均法という手法について学びます。

SECTION-014

主成分分析

主成分分析とは、多次元のデータを低次元のデータに圧縮する手法です。

一般に、変数が数百もある多次元のデータの傾向をつかむことは難しいですが、それらを2次元、3次元のデータに圧縮することができれば、データ間の比較や可視化が容易になります。

データを低次元に圧縮する上では、**もともとのデータが持つ「情報の量」をできるだけ損なわないようにする**ことが重要です。この「情報の量」という考え方が、主成分分析を理解する上で鍵となります。

■「情報の量」と分散

では、「情報の量」をどのように定義すればよいかというと、データの散らばり具合、つまり**分散**を使います。

一般に、標本分散は次の式で求めます。

$$\text{分散} = \frac{1}{n}\sum_{n=1}^{n}(x_i - \bar{x})^2$$

なお、n はデータの量、x_i は各データ、$\bar{x}$ はデータの平均値です。

たとえば、次のようなデータがあったとしましょう。どちらも平均値は9ですが、データ1の方が値がバラついている一方、データ2は平均値に近いところに集中しています。

■ SECTION-014 ■ 主成分分析

データ1	データ2
1	7
5	8
9	9
13	10
17	11

このデータの分散を計算してみます。

データの1の分散は、次のように計算できます。

$$\frac{1}{5}\left((1-9)^2 + (5-9)^2 + (9-9)^2 + (13-9)^2 + (17-9)^2\right) = 32$$

データ2の分散は、次のように計算できます。

$$\frac{1}{5}\left((7-9)^2 + (8-9)^2 + (9-9)^2 + (10-9)^2 + (11-9)^2\right) = 2$$

この結果から、データが散らばっている場合は分散が大きく、データが集まっている場合は分散が小さくなることがわかります。

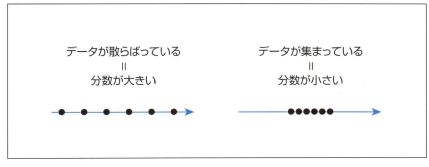

分散が大きいということは、各データが異なる、つまり1つひとつのデータがそれぞれはっきりした特徴を持っていると考えられます。それは、有益な情報が多く含まれていることを意味します。

したがって、分散がなるべく大きくなるように圧縮することで、主成分分析の目的である、**もともとのデータが持つ情報の量をできるだけ損なわないように次元が小さくすることを実現**できます。

■ 分散を大きく圧縮する

「情報の量=分散」ということを意識しながら、主成分分析のイメージを具体例を交えながらつかんでいきます。

下記のような2次元データ（xとyの2つの値）があったとします。

x	y
5	5
6	9
7	14
8	20

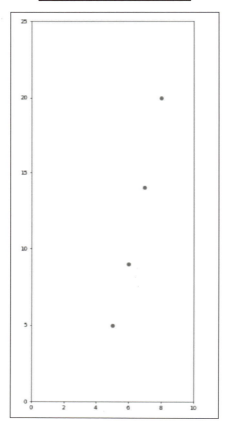

さて、ここで試しにすべての点のyの値をゼロにしてみたいと思います（x軸上にすべてのデータを射影する）。

すると次のようになります。

■ SECTION-014 ■ 主成分分析

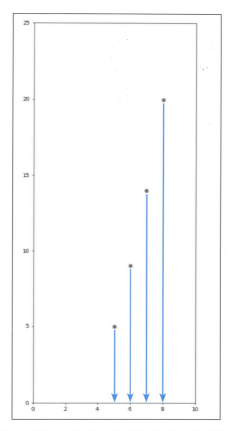

　x軸上にすべてのデータが集まっているので、1次元のデータに圧縮できていると考えられます。

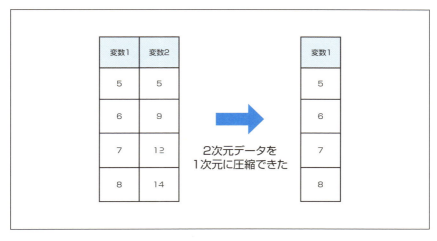

SECTION-014 主成分分析

　ここで1つ忘れてはならないことがあります。主成分分析の目的は、**もともとのデータが持つ情報をできるだけ損なわないように**圧縮することでした。

　上記のケースでは、2次元データから1次元データに圧縮することはできましたが、もとのデータが持つ情報の量に関しては一切、加味していません。今回、行った次元圧縮は、果たしてもとの情報の量を損なっていないといえるのでしょうか。

　情報の量の大きさは分散の大きさで測る、ということを前節で学びました。それを踏まえてもう一度、下図を見てみましょう。

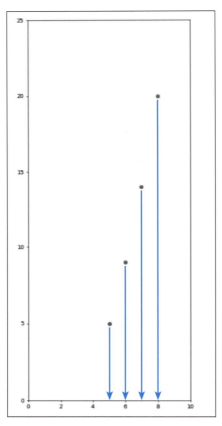

　もとのデータに対して、圧縮後はデータがそれぞれ近い値になっています。

　ほぼ同じ点に集まってしまっているため、どうやらもとの各データの違いはあまり表現できていないようです。先ほどの言葉を借りると、圧縮したデータの分散が小さいため、もとのデータを表現できていないということになります。

　続いて、試しにy軸方向へ射影してみます。

■ SECTION-014 ■ 主成分分析

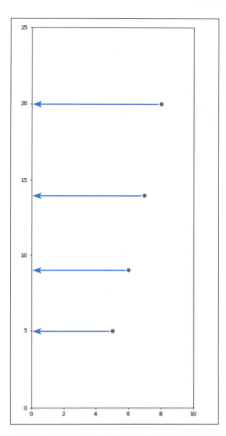

　こちらも先程のx軸への射影と同じように、2次元データから1次元データへ次元圧縮できていることがわかります。

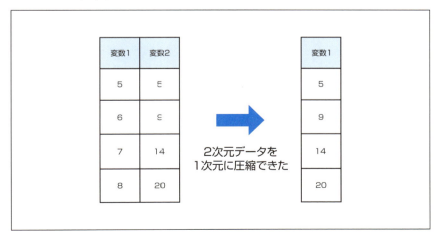

■ SECTION-014 ■ 主成分分析

それぞれのデータ点を比べてみると、先ほどのx軸上に射影したものと比較して、**各データ点がバラバラに分布している（分散が大きい）**ので、より情報の量を残せているということがわかります。

このように、どのような軸にデータ点を射影させるかで、圧縮後の分散、つまり圧縮後の情報の量は大きく変わってきます。

これまでわかりやすいように、x軸やy軸を射影軸にしていましたが、特にその必要はありません。次のような直線に射影させることも当然できます。

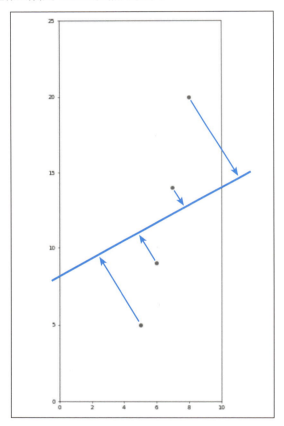

いろいろな直線上にデータを射影させてみると、それぞれで圧縮後の分散は異なります。その中から、圧縮後の分散が最も大きくなるような射影軸を求めているのが、主成分分析です。

今回の例では、実は次のような直線上に射影させることで、分散を最大にすることができます。

SECTION-014 主成分分析

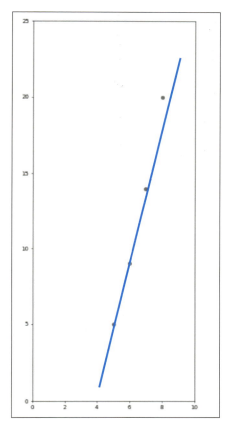

圧縮後も、もとのデータのばらつき具合をよく表現できていることがわかります。

このような射影したデータの分散が最大になる軸を、**第1主成分**と呼びます。第1主成分に直交する中で、最も分散を大きく圧縮する軸を、**第2主成分**と呼びます。データの次元に応じて複数の主成分を求めることができます。

SECTION-014 主成分分析

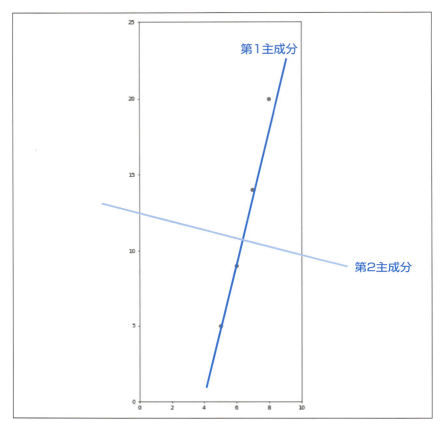

　今回は、2次元のデータなので、第2主成分まで求めることができれば、もとのデータのすべての情報の量を反映できたことになります。もとのデータが持っている情報の量のうち、各主成分が占める情報の量の割合を**寄与率**と呼びます。

　実際に主成分分析をする際に、第n主成分まで分析に使うかということで迷うかもしれませんが、第n主成分までの**累積寄与率**を使うことで、第n主成分まででどれだけ情報の量を残せているのかを測ることができます。

　たとえば、5次元データで主成分分析を用いた結果、各主成分がそれぞれ次のような寄与率を持っていたとします。

- 第1主成分：寄与率0.5
- 第2主成分：寄与率0.3
- 第3主成分：寄与率0.1
- 第4主成分：寄与率0.06
- 第5主成分：寄与率0.04

第2主成分までの累積寄与率を求めると、0.8となり、2次元に圧縮しても元データの情報の量を8割残せていることになります。

このあたりの指標の見方については、次節の実践編で実際に求めながら詳しく見ていきましょう。

実践編1(irisデータ)

本項では、CHAPTER 04の実践編でも用いたirisデータを用いて、主成分分析を実践していきます。

ローカル上でJupyter Notebook、もしくはクラウド上にてGoogle Colaboratoryを起動してください。

まずは、必要なライブラリを読み込みます。

```
import numpy as np
import pandas as pd
import matplotlib.pyplot as plt
%matplotlib inline

from sklearn.decomposition import PCA
from sklearn.preprocessing import StandardScaler

from sklearn.datasets import load_iriss
```

データ処理用ライブラリとしてnumpyとpandas、可視化用ライブラリとしてmatplotlibをインポートしています。また、6行目でscikit-learnに含まれる主成分分析用のライブラリとしてPCA、7行目で標準化を行うライブラリとしてStandardScalerを読み込んでいます。

そして、9行目では、scikit-learnに含まれるデータセットの中から、irisデータを読み込んでいます。

必要なライブラリがインポートできたら、`load_iris()` 関数を使ってirisのデータを読み込みましょう。

```
iris = load_iris()

data_iris = pd.DataFrame(iris.data, columns=iris.feature_names)
data_iris['target'] = iris.target

print(data_iris.head())
print(data_iris.shape)
```

■ SECTION-014 ■ 主成分分析

● 実行結果

```
   sepal length (cm)  sepal width (cm)  ...  petal width (cm)  target
0                5.1               3.5  ...               0.2       0
1                4.9               3.0  ...               0.2       0
2                4.7               3.2  ...               0.2       0
3                4.6               3.1  ...               0.2       0
4                5.0               3.6  ...               0.2       0

[5 rows x 5 columns]
(150, 5)
```

CHAPTER 04からの繰り返しになりますが、本データには、irisという植物に関して、次の情報を持つ150の観測値が含まれています。

項目	意味
sepal length	がく片の長さ(cm)
sepal width	がく片の幅(cm)
petal length	花びらの長さ(cm)
petal width	花びらの幅(cm)
class	irisの種類(Setosa、Versicolour、Virginicaの3種)

4つの変数(がく片の長さ・がく片の幅・花びらの長さ・花びらの幅)の情報を、主成分分析を使って2次元に圧縮してみます。

主成分分析にかける前に、各変数のばらつき具合を統一するため、各変数の平均を0、分散が1になるように変換(標準化)しておきます。

次のように専用のインスタンスを作り、`fit_transform()` 関数の引数に標準化したいデータを与えると、標準化されたデータを取得できます。

```
scaler = StandardScaler()
data_std = scaler.fit_transform(data_iris[iris.feature_names])
```

標準化できているか、下記を実行して一応、確認してみましょう。

```
data_std_df = pd.DataFrame(data_std, columns=data_iris.columns[0:4])
```

```
# もとのデータ
print(data_iris.describe())
# 標準化後のデータ
print(data_std_df.describe())
```

主成分分析を行う場合、いくつの次元に圧縮するかを `n_components` に指定して、専用のインスタンスを生成します。インスタンス生成後、`fit_transform()` 関数にデータを与えると、圧縮されたデータを取得できます。

```
pca = PCA(n_components=2)
pca_transformed = pca.fit_transform(data_std)
```

ちゃんと次元が変わっているか、下記を実行して確認してください。

```
print(pca_transformed.shape)
```

●実行結果
```
(150, 2)
```

もとのデータは4次元のため、1つのグラフで表現するのは難しいですが、2次元に圧縮できたので散布図で表現できるようになりました。プロットしてみましょう。

```
plt.scatter(pca_transformed[:, 0], pca_transformed[:, 1], c=data_iris["target"])
```

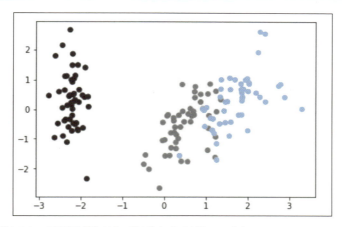

`c` 引数にirisの種類情報を与え、種ごとに色分けしています。
可視化してみると、種類別にデータの傾向があることがわかりました。

▶ **寄与率**

主成分分析は、情報の量(分散)を大きく保ちながら次元を圧縮することが目的ですが、それでも次元を圧縮すると、必ず情報が抜け落ちます。そのため、どれだけの情報が抜け落ちずに維持できているかを確認する指標である寄与率を計算することで、どの程度、情報を集約できているか確認することができます。

寄与率は、`explained_variance_ratio_` という変数で取得することができます。

```
print(pca.explained_variance_ratio_)
```

●実行結果
```
[0.72962445 0.22850762]
```

この結果から、第1主成分には約73%の情報が、第2主成分には約23%の情報が集約されていることがわかります。

なお、各次元の寄与率の合計(累積寄与率)は、下記のように計算できます。

■ SECTION-014 ■ 主成分分析

```
print(sum(pca.explained_variance_ratio_))
```

●実行結果
```
0.9581320720000165
```

累積寄与率を見ると、第1主成分と第2主成分のみで、もとのデータの約96%の情報を集約できています。

実践編2（都道府県ごとの家計調査データ）

前項では、irisデータを使って、主成分分析を行いました。本項では、e-Statに掲載されている都道府県ごとの消費行動データを使い、実践してみます。都道府県ごとの消費行動の傾向がわかると面白いかもしれません。

e-Statとは、政府統計のポータルサイトで、さまざまな統計データを取得することができます。

URL https://www.e-stat.go.jp/

▶データ取得

今回は、家計調査データセットにある、2017年の「都市階級・地方・都道府県庁所在市別1世帯当たりの財・サービス区分別支出金額」というデータを使います。

上記のURLにアクセスしたら、キーワード検索窓から、「家計調査」と入力して検索してください。

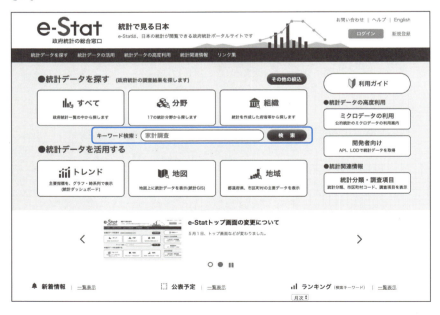

次に、「家計調査」項目をクリックしてください。

続いて、「データベース」ではなく、「ファイル」の方をクリックしてください。

■ SECTION-014 ■ 主成分分析

　さまざまなデータが表示されますが、「総世帯」→「詳細結果表」→「年次」の順に項目をクリックして先に進んでください。

すると、調査年を選択できる画面に遷移しますが、今回は2017年を選択しました。

■ SECTION-014 ■ 主成分分析

最後に、「都市階級・地方・都道府県庁所在市別1世帯当たりの財・サービス区分別支出金額」の「EXCEL」ボタンをクリックしてデータをダウンロードしてください。

データをダウンロードして中身を確認すると、都道府県庁所在地や主要都市別ごとに、どのような品目に支出しているのか、記録されています。

また、それぞれの品目について、耐久財なのか非耐久財なのか、といった区分けもされています。

SECTION-014 ■ 主成分分析

今回はそこまで細かいデータは必要ないので、下記の品目ごとの支出データのみを使うことにします。

- 食料
- 住居
- 光熱・水道
- 家具・家事
- 被服及び履物
- 保健医療
- 交通・通信
- 教育
- 教養娯楽
- 諸雑費

次のように、各県庁所在地（+主要都市）の支出データがまとまるようにエクセルファイルを整形して、CSVファイルで保存してください。

	A	B	C	D	E	F	G	H	I	J	K
1	都道府県	食料	住居	光熱・水道	家具・家事	被服及び	保健医療	交通・通信	教育	教養娯楽	諸雑費
2	札幌市	819,536	279,764	228,330	103,893	129,292	99,902	442,564	124,799	276,976	218,769
3	青森市	790,368	259,971	295,102	96,173	98,267	115,529	427,590	96,241	245,912	232,403
4	盛岡市	771,420	246,223	250,260	102,652	142,183	123,152	438,431	144,845	276,140	286,892
5	仙台市	862,052	240,690	197,006	117,818	116,682	109,467	379,888	150,622	317,874	280,381
6	秋田市	835,325	226,152	296,036	111,587	127,798	133,474	496,526	111,430	280,440	238,857
7	山形市	841,537	315,770	285,590	99,357	125,567	104,612	770,941	107,336	302,035	289,043
8	福島市	950,582	285,711	257,681	126,588	169,182	94,275	665,083	141,012	392,401	276,986
9	水戸市	877,968	235,274	231,740	127,631	174,481	119,688	695,369	200,251	390,123	322,231
10	宇都宮市	970,391	294,398	243,081	104,325	171,918	125,397	622,628	175,432	375,213	292,779
11	前橋市	876,472	149,049	202,882	150,428	166,129	142,103	549,336	113,726	397,195	313,629
12	さいたま市	1,042,267	350,989	216,828	110,043	173,828	174,833	501,966	275,513	330,177	276,978
13	千葉市	867,636	162,260	153,227	81,768	142,156	87,722	421,253	155,287	329,146	320,532
14	東京都区部	943,279	404,843	175,822	112,716	208,975	156,721	417,168	272,696	423,476	254,768
15	横浜市	926,253	215,616	184,484	124,547	172,798	136,661	517,576	251,826	420,737	275,789
16	新潟市	842,736	178,061	254,426	116,049	128,177	114,074	606,168	199,170	265,664	316,409
17	富山市	896,917	307,401	263,618	127,392	122,275	114,880	579,845	91,179	336,369	263,650
18	金沢市	971,470	220,831	246,180	125,704	167,773	101,640	680,653	245,222	405,272	355,490
19	福井市	925,413	151,093	249,017	94,646	114,519	99,707	462,830	122,414	328,129	277,653
20	甲府市	747,397	300,816	214,981	90,925	101,371	104,563	420,691	116,368	323,950	234,201
21	長野市	786,130	344,086	239,435	109,564	116,436	108,134	519,702	92,604	266,054	289,707
22	岐阜市	865,541	201,315	239,365	130,079	173,834	135,925	699,940	243,758	414,244	305,166
23	静岡市	807,241	358,014	204,189	106,298	139,274	109,700	432,415	119,306	316,773	227,907
24	名古屋市	821,916	249,793	156,478	82,537	139,540	104,044	480,970	107,105	394,293	224,362
25	津市	863,096	195,647	203,113	125,860	164,073	117,537	517,539	251,968	386,805	251,410
26	大津市	915,677	108,352	236,832	158,680	141,251	108,875	521,557	180,740	325,487	245,402

もし、作成するのが面倒な場合は、Githubのソースコード置き場に一緒にCSVファイルが置いてあるので参考にしてください。

▶ 主成分分析を実践

ローカル上でJupyter Notebook、もしくはクラウド上にてGoogle Colaboratoryを起動してください。

まずは、必要なライブラリを読み込みます。

```
import numpy as np
import pandas as pd
import matplotlib.pyplot as plt
%matplotlib inline
from mpl_toolkits.mplot3d import Axes3D

from sklearn.decomposition import PCA
from sklearn.preprocessing import StandardScaler
```

Google Colaboratoryを使用している場合は、CHAPTER 01を参考に先ほど作成したCSVファイルをアップロード後、データを読み込んでください。

下記ではファイル名を `data_prefecture_category.csv` としていますが、適宜、変更してください。

```
data_prefecture = pd.read_csv("data_prefecture_category.csv", encoding='utf-8', index_col=0)
```

ちゃんとデータが読み込めているか、下記を実行して確認してください。

```
print(data_prefecture.head())
```

◉実行結果

```
          食料      住居    光熱・水道   家具・家事   ...   交通・通信      教育      教養
娯楽      諸雑費
都道府県                                   ...
札幌市   819,536  279,764  228,330  103,893  ...  442,564  124,799  276,976  218,769
青森市   790,368  259,971  295,102   96,173  ...  427,590   96,241  245,912  232,403
盛岡市   771,420  246,223  250,260  102,652  ...  438,431  144,845  276,140  286,892
仙台市   862,052  240,690  197,006  117,818  ...  379,888  150,622  317,874  280,381
秋田市   835,325  226,152  296,036  111,587  ...  496,526  111,430  280,440  238,857

[5 rows x 10 columns]
```

注意として、数値データがすべて、「,」で3桁区切りされた状態で文字列として読み込まれてしまっています。

このままではうまく扱えないので、下記を実行して数値に変換してください。

```
# カンマ区切りの文字列を数値に変換
data_prefecture_float = data_prefecture.apply(lambda x: x.str.replace(',','')).astype(np.float)

print(data_prefecture_float.head())
```

■ SECTION-014 ■ 主成分分析

●実行結果

```
            食料       住居      光熱・水道    ...      教育       教養娯楽    諸雑費
都道府県                                  ...
札幌市     819536.0  279764.0  228330.0  ...  124799.0  276976.0  218769.0
青森市     790368.0  259971.0  295102.0  ...   96241.0  245912.0  232403.0
盛岡市     771420.0  246223.0  250260.0  ...  144845.0  276140.0  286892.0
仙台市     862052.0  240690.0  197006.0  ...  150622.0  317874.0  280381.0
秋田市     835325.0  226152.0  296036.0  ...  111430.0  280440.0  238857.0

[5 rows x 10 columns]
```

`print()`すると、ちゃんと数値に変換されていることがわかります。

データが意図通り読み込めたところで、主成分分析にかけてみます。とりあえず、2次元に圧縮してみます。

```
# 標準化
scaler = StandardScaler()
data_std = scaler.fit_transform(data_prefecture_float)

pca = PCA(n_components=2)
pca_transformed = pca.fit_transform(data_std)
plt.scatter(pca_transformed[:, 0], pca_transformed[:, 1])
```

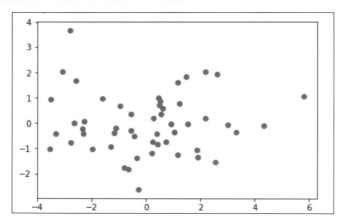

このままだとよくわからないので、各点がどの都市に該当するか、グラフにアノテーションを行います。しかし、都道府県名をそのまま表示するとごちゃごちゃするので、インデックスのみ表示させてみます。

アノテーションをつけるためには、`annotate()`関数を使います。引数に、表示したい文字列・表示したい座標・表示する文字の大きさを指定します。

下記を実行してください。

```
fig, ax = plt.subplots(figsize=(14, 8))

plt.scatter(pca_transformed[:, 0], pca_transformed[:, 1])
for k, v in enumerate(pca_transformed):
    ax.annotate(k, xy=(v[0],v[1]),size=10)
```

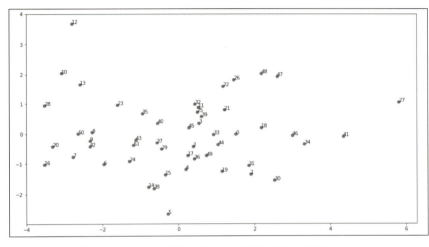

インデックスと対応する都市名を確認するには、下記を実行してください。

```
for i in range(data_prefecture_float.shape[0]):
    print(i, data_prefecture_float.index[i])
```

◉実行結果

0 札幌市
1 青森市
2 盛岡市
3 仙台市
4 秋田市
5 山形市
6 福島市
7 水戸市
8 宇都宮市
9 前橋市
…（以下省略）

グラフを確認すると、左上に東京都区部が少し離れたところにプロットされています。やはり、全国の中で、東京都の消費行動は大きな特徴があるようです。また、東京都と比較的近い場所に、横浜市・さいたま市の点があります。同じ関東ということで、傾向が似ているのかもしれません。

■ SECTION-014 ■ 主成分分析

全体から離れているところにプロットされている都市・近い都市同士など確認し、何か上記以外にも面白い示唆ができないか考えてみてください。

▶ 寄与率

続いて、寄与率を計算してみます。

```
print(pca.explained_variance_ratio_)
```

◉実行結果
```
[0.42300077 0.13697772]
```

```
# 累積寄与率
print(sum(pca.explained_variance_ratio_))
```

◉実行結果
```
0.5599784907826689
```

第1主成分で全体の約42%の情報を、第2主成分で全体の約14%の情報を集約できています。

▶ 次元を増やす

2次元への圧縮では、累積寄与率は56%程度で、粗い集約になっているようです。
そこで、次は3次元へ圧縮してみましょう。

```
pca2 = PCA(n_components=3)
pca2_transformed = pca2.fit_transform(data_std)

print(sum(pca2.explained_variance_ratio_))
```

◉実行結果
```
0.6719619145036988
```

3次元まで圧縮すると、70%程度までもとのデータ情報を集約することができました。
他にも、e-statには魅力的なデータが多くあります。年次を変えてみたり、まったく別のデータを使ってみたりして、主成分分析で何か面白い結果が生まれないか、実践してみましょう。

SECTION-015

K平均法

　K平均法は、教師なし学習の中で、クラスタリングと呼ばれる手法の1つです。クラスタリングを使うと、特徴をもとにデータをいくつかのクラスターに自動で分類することができます。アルゴリズムは非常にシンプルなので、馴染みやすい手法です。

クラスタリング

　次のような2次元のデータがあったとします。

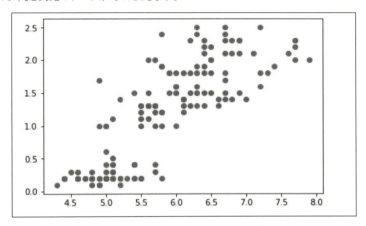

　仮にこのデータを、2つのクラスターに分類する場合、次のようになるかもしれません。青色に属するデータと、赤色に属するデータです。

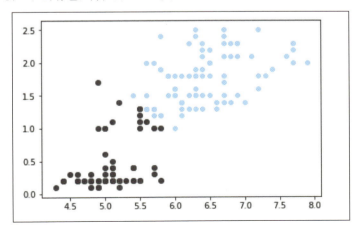

また、3つのクラスターに分類した場合は、大体、次のようになるでしょう。

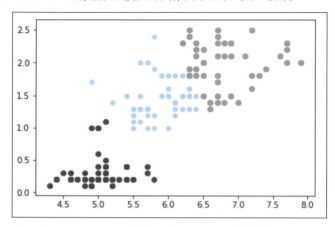

今は、何となくの目視でクラスターに分けてみましたが、K平均法などのクラスタリングを用いると、自動で分類してくれます。

教師あり学習の分類問題を解く際は、たとえば「合格したかどうか」といったラベルづけをする必要がありました。それに対しクラスタリングの場合は、特にこちらで何かしらラベルづけする必要がなく、与えられたデータの特徴のみから自動で適切なクラスターに分けてくれます。

クラスタリングを用いることで、次のようなことが可能です。

- ECサイトの購買データから、ユーザーをいくつかのグループに分類する
- その土地の生産物から、都道府県をいくつかのグループに分類する
- 文章の特徴から、さまざまな文書データをいくつかのグループに分類する

K平均法

K平均法では、いくつのクラスターに分類するか、最初に指定する必要があります。クラスター数を決定したら、ランダムにクラスターの中心点を決めます。たとえば2次元データを用いてクラスター数に4を指定した場合は、2次元上でランダムに4点を選び、それをクラスターの中心点とします。

ここまでできたら、次の操作をクラスターの中心点が変わらなくなるまで繰り返し行います（実際には、閾値を設けて**ほぼ**変わらなくなるまで繰り返す、もしくは繰り返し回数の上限を設けることが多い）。

- すべてのデータに対して、各クラスターの中心点までの距離を計算し、最も距離が近いクラスターに振り分ける
- 上の操作で振り分けられた各クラスターについて、新しく中心点を計算する

下記に、K平均法の流れを簡単にまとめてみました。

❶ ランダムにクラスターの中心点を決定する

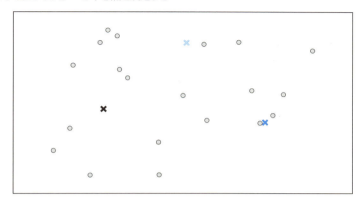

❷ すべてのデータに対して、各クラスターの中心点までの距離を計算し、最も距離が近いクラスターに振り分ける（1回目）

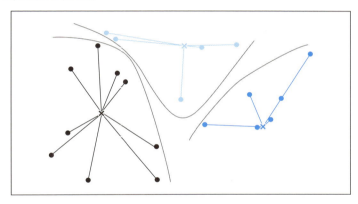

❸ 振り分けられた各クラスターについて、新しく中心点を計算する（1回目）

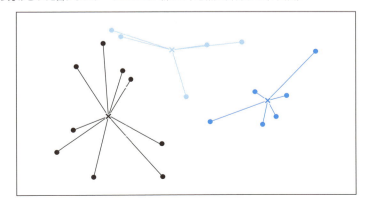

❹ すべてのデータに対して、各クラスターの中心点までの距離を計算し、最も距離が近いクラスターに振り分ける（2回目）

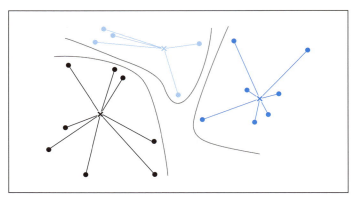

❺ 振り分けられた各クラスターについて、新しく中心点を計算する（2回目）

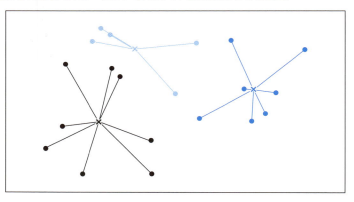

　このように、クラスターの中心点が更新されなくなるまで繰り返します。
　今回は2次元で行っていますが、当然3次元以上のデータでも問題ありません。
　クラスター数をこちら側で決めなければならない点と、クラスター中心点の初期値がどこにあるかによって結果が変わってしまうデメリットはありますが、シンプルがゆえに拡張もしやすく、よく使われる手法です。

実践編1（irisデータ）

本項では、175ページでも扱ったirisのデータを使って、K平均法を実践します。

それでは、ローカル上でJupyter Notebook、もしくはクラウド上にてGoogle Colaboratoryを起動してください。

まずは、必要なライブラリを読み込みます。

```
import numpy as np
import pandas as pd
import matplotlib.pyplot as plt
%matplotlib inline

from sklearn.cluster import KMears
from sklearn.preprocessing import StandardScaler

from sklearn.datasets import loac_iris
```

データ処理用ライブラリとしてnumpyとpandas、可視化用ライブラリとしてmatplotlibをインポートしています。また、6行目でscikit-learnに含まれるK平均法用のライブラリとしてKMeans、7行目で標準化を行うライブラリとしてStandardScalerを読み込んでいます。

そして、9行目では、scikit-learnに含まれるデータセットの中から、irisデータを読み込んでいます。

必要なライブラリがインポートできたら、**load_iris()** 関数を使ってirisのデータを読み込みましょう。

```
iris = load_iris()

data_iris = pd.DataFrame(iris.data, columns=iris.feature_names)
data_iris['target'] = iris.target

print(data_iris.head())
print(data_iris.shape)
```

◉実行結果

```
   sepal length (cm)  sepal width (cm)  ...  petal width (cm)  target
0                5.1               3.5  ...               0.2       0
1                4.9               3.0  ...               0.2       0
2                4.7               3.2  ...               0.2       0
3                4.6               3.1  ...               0.2       0
4                5.0               3.6  ...               0.2       0

[5 rows x 5 columns]
(150, 5)
```

SECTION-015 K平均法

　K平均法では、データ間の距離を計算するので、各変数のばらつき具合に差がありすぎると、意図した結果になりません。そのため、各変数の平均を 0 、分散を 1 になるように変換（標準化）してから、K平均法を使うようにしましょう。

　以下のように専用のインスタンスを作り、fit_transform() 関数の引数に標準化したいデータを与えると、標準化されたデータを取得できます。

```
scaler = StandardScaler()
data_std = scaler.fit_transform(data_iris[iris.feature_names])
```

　K平均法を実践する前に、データの傾向をつかむため、matplotlibの `plt.scatter()` を使い、散布図で可視化してみましょう。`c` 引数に花の種類を与えることで、種類別に色をつけています。

```
plt.scatter(data_std[:, 0], data_std[:, 1], c=data_iris["target"])
```

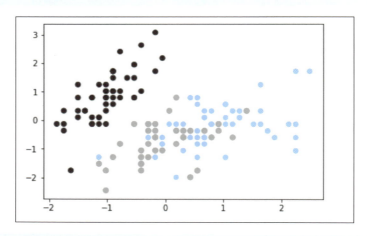

```
plt.scatter(data_std[:, 0], data_std[:, 2], c=data_iris["target"])
```

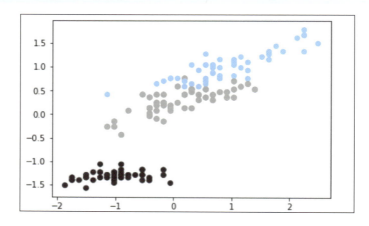

何となく、プロットされる場所と花の種類には傾向がありそうです。K平均法によって、この傾向がつかめるかどうか、試してみましょう。

まずは、データを2つのクラスターに分類してみます。`n_clusters`という引数にクラスター数を指定して、インスタンスを作成します。

```
k_means = KMeans(n_clusters=2)
```

次に、`fit()`関数に、データを与えます。なお、今回は説明を簡単にするために、0列目と1列目のデータのみを使います。

```
k_means.fit(data_std[:, [0, 1]])
```

それぞれのデータがどのようなクラスターに割り当てられたかは、`labels_`という変数で確認できます。

```
print(k_means.labels_)
```

●実行結果
```
[1 1 1 1 1 1 1 1 1 1 1 1 1 1 1 1 1 1 1 1 1 1 1 1 1 1 1 1 1 1 1 1 1 1 1
 1 1 1 1 0 1 1 1 1 1 1 1 1 1 1 0 0 0 0 0 0 0 0 0 0 0 0 0 0 0 0 0 0 0 0
 0 0 0 0 0 0 0 0 0 0 0 1 0 0 0 0 0 0 0 0 0 0 0 0 0 0 0 0 0 0 0 0 0 0 0
 0 0 0 0 0 0 0 0 0 0 0 0 0 0 0 0 0 0 0 0 0 0 0 0 0 0 0 0 0 0 0 0 0 0 0
 0 0]
```

これだけ見てもよくわからないため、可視化して結果を確認しましょう。先ほどは花の種類で色分けしましたが、今回はクラスター番号によって色分けしてみます。

```
plt.scatter(data_std[:, 0], data_std[:, 1], c = k_means.labels_)
```

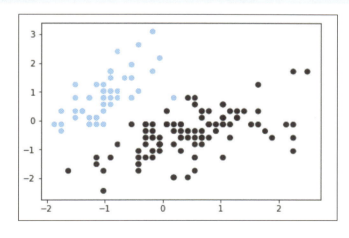

SECTION-015 ■ K平均法

データ傾向によって、きれいに分類できているようです。
クラスター別に、もとのiris種がどれほど存在しているのか、下記で確認してみます。

```
print(data_iris[k_means.labels_ == 0]["target"].value_counts())
```

● 実行結果

```
2    50
1    49
0     1
Name: target, dtype: int64
```

この結果から、1つ目のクラスターには、次のようなデータが含まれていることがわかります。
- irisの種類idが0のデータが1つ
- irisの種類idが1のデータが49つ
- irisの種類idが2のデータが50つ

同様に、2つ目のクラスターに、どんなデータが含まれているか確認します。

```
print(data_iris[k_means.labels_ == 1]["target"].value_counts())
```

● 実行結果

```
0    49
1     1
Name: target, dtype: int644
```

この結果から、2つ目のクラスターには、次のようなデータが含まれていることがわかります。
- irisの種類idが0のデータが49つ
- irisの種類idが1のデータが1つ

irisの種類別のデータの傾向の違いをつかみ、うまくクラスタリングできているようです。
`n_cluster` の引数をirisの種類と同様に"3"にしてみたり、与えるデータを2次元ではなく3次元や4次元としてみたり、試してどのようなクラスタリング結果になるのか、試してみてください。

実践編2(都道府県ごとの家計調査データ)

本項では、178ページと同様のデータを使い、K平均法を実践してみます。

ローカル上でJupyter Notebcok、もしくはクラウド上にてGoogle Colaboratoryを起動してください。

```
import numpy as np
import pandas as pd
import matplotlib.pyplot as plt
%matplotlib inline

from sklearn.cluster import KMears
from sklearn.preprocessing import StandardScaler
```

データ処理用ライブラリとしてnumpyとpandas、可視化用ライブラリとしてmatplotlibをインポートしています。また、6行目でscikit-learnに含まれるK平均法用のライブラリとしてKMeans、7行目で標準化を行うライブラリとしてStandardScalerを読み込んでいます。

178ページと同様に、データを読み込み、数値データへの変換と標準化まで行います。

```
data_prefecture = pd.read_csv("data_prefecture_category.csv", encoding='utf-8', index_col=0)
# 数値データへの変換
data_prefecture_float = data_prefecture.apply(lambda x: x.str.replace(',','')).astype(np.float)

# 標準化
scaler = StandardScaler()
data_std = scaler.fit_transform(data_prefecture_float)
```

今回は、4つのクラスターを指定して、K平均法を実践してみます。

```
k_means = KMeans(n_clusters=4)
k_means.fit(data_std)

print(k_means.labels_)
```

◉実行結果

```
[1 3 3 2 3 3 0 0 0 0 0 2 0 0 2 3 0 2 1 3 0 1 1 0 2 2 1 1 0 2 1 3 2 2 1 2 3 2 3 2 3 1 0 0 2 3
 1 1 1 2 0 2]
```

それぞれのクラスターに、どんな都市が所属しているか確認してみます。

```
data_prefecture_float["label"] = k_means.labels_

# クラスター0の都市を表示
print(data_prefecture_float[data_prefecture_float["label"] == 0]["label"])
```

■ SECTION-015 ■ K平均法

●実行結果

```
都道府県
福島市        0
水戸市        0
宇都宮市      0
前橋市        0
さいたま市    0
東京都区部    0
横浜市        0
金沢市        0
岐阜市        0
津市          0
奈良市        0
熊本市        0
大分市        0
堺市          0
Name: label, dtype: int32
```

クラスター0には、東京都区部や横浜市など、関東の都市が多く所属しているようです。
他のクラスターについても、結果を確認してみましょう（実行結果は省略します）。

```
print(data_prefecture_float[data_prefecture_float["label"] == 1]["label"])
print(data_prefecture_float[data_prefecture_float["label"] == 2]["label"])
print(data_prefecture_float[data_prefecture_float["label"] == 3]["label"])
```

続いて、各クラスターに所属するデータの平均値を計算し、クラスター間の傾向の違いを確認します。

```
k_means_feature = pd.concat([data_prefecture_float[data_prefecture_float["label"] == 0].mean(),
                             data_prefecture_float[data_prefecture_float["label"] == 1].mean(),
                             data_prefecture_float[data_prefecture_float["label"] == 2].mean(),
                             data_prefecture_float[data_prefecture_float["label"] == 3].mean()],
                             axis = 1)

k_means_feature
```

	0	1	2	3
食料	912327.428571	751680.750000	838208.466667	805796.818182
住居	258157.857143	293861.166667	196288.200000	297265.636364
光熱・水道	227291.142857	183709.583333	209540.733333	247929.636364
家具・家事	125357.785714	93305.500000	110899.733333	115703.909091
被服及び	169896.071429	114911.833333	139713.000000	126323.000000
保健医療	129479.642857	100735.250000	108800.266667	118659.090909
交通・通信	576807.714286	419374.750000	516427.800000	545043.272727
教育	223442.000000	102875.750000	166096.466667	113031.090909
教養娯楽	396619.000000	287409.666667	313948.666667	295127.272727
諸雑費	293681.714286	215086.416667	263796.733333	267706.818182
label	0.000000	1.000000	2.000000	3.000000

クラスター0に注目すると、他クラスターと比べて「教育」に大きくお金を使っていることがわかります。東京都区部や横浜市が所属しているので、受験費用などにお金が使われているのかもしれません。

クラスター1に所属する都市は、他品目に比べて「住居」の支出が多いですが、家具・家事にはあまりお金は使っていないようです。クラスター2に所蔵する都市は、逆に「住居」への支出が少ないです。

本項では、消費行動の傾向から、都道府県をクラスターに分類してみました。年次によってクラスターが変わるのか、他の統計データと組み合わせてK平均法にかけると結果がどうなるのか、など、機会があれば実践してみましょう。

おわりに

本章では、下記の内容について理論を学びました。

- 主成分分析
- 決定木

また、scikit-learn付属のサンプルデータ、そしてe-statで提供されている中から実際の都道府県ごとの消費行動データを使って実践を行いました。

主成分分析、K平均法ともに、データの特性を確認するのにとても便利な手法です。e-statには他にも多くのデータがあるので、このような手法を試してみて、何か面白い特徴が得られないか、実践してみてください。

CHAPTER 06
評価指標

　本章では、教師あり学習において、よく用いられる評価指標について紹介します。
　何かを回帰・分類したい際に、1つのモデルだけ作って終わり、ということは決してありません。モデル作成後に検証用のデータを使って、「本当に良いモデルなのか?」という評価を必ず行う必要があります。
　本章では、200ページで回帰における評価指標について、208ページでは分類における評価指標について学びます。

SECTION-016

回帰における評価指標

本節では、回帰問題にてよく使われるRMSE・MAE・RMSLEいう評価指標について解説します。

まず、それぞれの定義を先に紹介すると、次の数式で表現されます。

$$\text{RMSE} = \sqrt{\frac{1}{n}\sum_{i=1}^{n}(y_i - \hat{y_i})^2}$$

$$\text{MAE} = \frac{1}{n}\sum_{i=1}^{n}|y_i - \hat{y_i}|$$

$$\text{RMSLE} = \sqrt{\frac{1}{n}\sum_{i=1}^{n}(\log(y_i+1) - \log(\hat{y_i}+1))^2}$$

なお、n はデータの数、y_i は実際の値、$\hat{y_i}$ はモデルが予測した値を表しています。

RMSE

回帰において、おそらく最もよく使われている評価指標がRMSEです。
RMSEの式を再度、載せます。

$$\text{RMSE} = \sqrt{\frac{1}{n}\sum_{i=1}^{n}(y_i - \hat{y_i})^2}$$

この $(y_i - \hat{y_i})$ の部分は、あるデータ i について、実際の値とモデルの予想した値の差を表しています。これはCHAPTER 03で学んだ残差です。

そして、$\sum_{i=1}^{n}(y_i - \hat{y_i})^2$ の部分で、残差を二乗した値をすべてのデータについて足し合わせています。これは、同じくCHAPTER 03で学んだ残差二乗和そのものです。

まとめると、残差二乗和をデータ数で割り、ルートをつけた値がRMSEです。

評価指標としてRMSEを採用した場合、さまざまな回帰モデルを比較し、その中でRMSE値が最も小さいモデルが良い、と判断されます。回帰はもともと、なるべく残差を小さくするようにパラメータを計算していたので、この指標はとても直感に合っているのではないでしょうか。

次のような予測値と実際に値があったとして、試しにRMSEを計算してみましょう。

予測した値	実際の値
3	5
10	7
14	20
12	12

$$\text{RMSE} = \sqrt{\frac{1}{4}((5-3)^2 + (10-7)^2 + (14-20)^2 + (12-12)^2)} = \sqrt{\frac{1}{4}(49)} = \frac{7}{2}$$

■ SECTION-016 ■ 回帰における評価指標

▮ MAE

MAEは、RMSEと少し似ています。

$$\mathrm{MAE} = \frac{1}{n}\sum_{i=1}^{n}|y_i - \hat{y}_i|$$

この $(y_i - \hat{y}_i)$ の部分は、RMSEでも登場した残差です。残差に絶対値をつけた値をすべてのデータについて足し合わせ、データの数で割った値がMAEです。

評価指標としてRMEを採用した場合、さまざまな回帰モデルを比較し、その中でMAE値が最も小さいモデルが良い、と判断されます。

RMSEと同様に、この評価指標も直感に合っています。

次のような予測値と実際に値があったとして、試しにMAEを計算してみましょう。

予測した値	実際の値
3	5
10	7
14	20
12	12

$$\mathrm{MAE} = \frac{1}{4}(|3-5| + |10-7| + |14-20| + |12-12|) = \frac{11}{4}$$

▮ RMSLE

RMSLEも、RMSEと少し似ています。

$$\mathrm{RMSLE} = \sqrt{\frac{1}{n}\sum_{i=1}^{n}(\log(y_i + 1) - \log(\hat{y}_i + 1))^2}$$

RMSEでは残差を二乗していますが、RMSLEでは、$\log(y_i + 1) - \log(\hat{y}_i + 1)$ という、残差のような値を計算し、それを二乗しています。それ以外はRMSEと同様です。すべてのデータで残差のような値を二乗した値を足し合わせ、それをデータ数で割り、ルートをつけた値がRMSLEです。

評価指標としてRMSLEを採用した場合、さまざまな回帰モデルを比較し、その中でRMSLE値が最も小さいモデルが良い、と判断されます。

対数をとっているため、前述した他の評価指標に比べて少し気持ち悪いかもしれません。しかし、真の値と予測された値が近ければ近いほどRMSLEは小さくなるため、方向性は同じと考えてください。

次のような予測値と実際に値があったとして、試しにRMSLEを計算してみましょう。

予測した値	実際の値
3	5
10	7
14	20
12	12

$$\text{RMSLE} = \sqrt{\frac{1}{4}((\log(4) - \log(6))^2 + (\log(11) - \log(8))^2 + (\log(15) - \log(21))^2 + (\log(13) - \log(13))^2)}$$
$$= \frac{1}{4}(0.3790...)$$

RMSE・MAEを比較

RMSEとMAEの違いは、残差を二乗しているか、絶対値をとっているか、です。

$$\text{RMSE} = \sqrt{\frac{1}{n}\sum_{i=1}^{n}(y_i - \hat{y_i})^2}$$

$$\text{MAE} = \frac{1}{n}\sum_{i=1}^{n}|y_i - \hat{y_i}|$$

残差を二乗している分、RMSEは外れ値に強く影響を受けるという性質があります。

具体例を交えながら、この性質を確認してみましょう。次のような検証用のデータがあったとします。

x	y
1	2
3	4
10	7
12	25
14	30
16	42
20	40
24	300
30	80

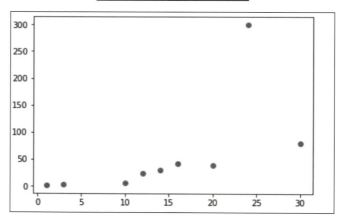

何となく右上がりになっていることはわかりますが、1点だけ傾向から大きく外れているデータがあります。

ここで、学習用のデータをもとに、次の2つのモデルが作られたとしましょう。

$$y = 2x - 2$$
$$y = 6x - 2$$

それぞれプロットしてみます。

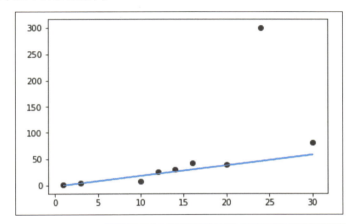

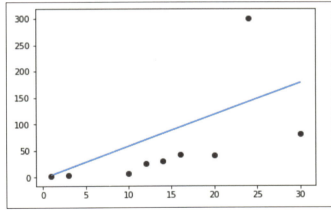

外れ値は例外として考えれば、前者のグラフの方が妥当そうです。

ここで、それぞれのモデルについて、RMSEを計算してみましょう。まず、$y = 2x - 2$ を計算します。

$$\begin{aligned} \text{RMSE} &= \sqrt{\frac{1}{10}((2-0)^2 + (4-4)^2 + ... + (300-46)^2 + (80-58)^2)} \\ &= \sqrt{\frac{1}{10}(65298)} \simeq 85.178 \end{aligned}$$

次に、$y = 6x - 2$ を計算します。

$$\text{RMSE} = \sqrt{\frac{1}{10}((2-4)^2 + (4-16)^2 + ... + (300-142)^2 + (80-178)^2)}$$
$$= \sqrt{\frac{1}{10}(50834)} \simeq 75.155$$

RMSEによると、$y = 6x - 2$ の方が良いモデルだと判断されます。

次に、それぞれのモデルについて、MAEを計算してみます。まず、$y = 2x - 2$ を計算します。

$$\text{MAE} = \frac{1}{10}(|2-0| + |4-4| + ... + |300-46| + |80-58|)$$
$$= \frac{10}{310} \simeq 34.44$$

次に、$y = 6x - 2$ を計算します。

$$\text{MAE} = \frac{1}{10}(|2-4| + |4-16| + ... + |300-142| + |80-178|)$$
$$= \frac{10}{548} \simeq 60.89$$

MAEによると、$y = 2x - 2$ の方が良いモデルだと判断され、RMSEとは逆の結果となってしまいました。

このように、RMSEはMAEに比べて外れ値の影響を受けやすいため、その外れ値にフィットするようなモデルが選択されやすいです。

RMSE・RMSLEを比較

RMSLEはRMSEと異なり、残差ではなく、$\log(y_i + 1) - \log(\hat{y_i} + 1)$ という残差のような値の二乗和を計算しています。

$$\text{RMSE} = \sqrt{\frac{1}{n}\sum_{i=1}^{n}(y_i - \hat{y_i})^2}$$

$$\text{RMSLE} = \sqrt{\frac{1}{n}\sum_{i=1}^{n}(\log(y_i + 1) - \log(\hat{y_i} + 1))^2}$$

この計算式から、RMSLEはRMSEとは異なり、「実際の値と予測された値の比を重視する」という性質があります。

具体例を交えながら、この性質を確認してみましょう。次のような検証用のデータがあったとします。

実際の値	予測値	残差
2000	1000	1000
22000	21000	1000

このデータを使い、RMLSEとRMSEを計算してみます。

$$\text{RMSLE} = \sqrt{\frac{1}{3}((\log(2001) - \log(1001))^2 + (\log(22001) - \log(21001))^2}$$

$$= \sqrt{\frac{1}{3}(0.4797 + 0.002164)}$$

$$\text{RMSE} = \sqrt{\frac{1}{3}((2001 - 1001)^2 + (22001 - 21001)^2)}$$

$$= \sqrt{\frac{1}{3}(1000^2 + 1000^2)}$$

残差が1000のため、RMSEの方は最終的に計算される値が、1000^2ですべて同じです。それに対し、RMSLEの方は、残差が一緒でも、$0.4797, 0.002164$ と異なります。$(\log(2001) - \log(1001))^2$ の値よりも、$(\log(22001) - \log(21001))^2$ の方が値が著しく小さいです。これは、RMSLEでは真の値と予測値の比を重視した計算がされているからです。

実際の値が2000に対して1000と予測するのは、2倍程度、外れているため、あまりよい結果ではありません。しかし、実際の値が22000に対して21000と予測するのは、直感的にはほとんど当たっているように見えます。RMSLEは、RMSEとは異なり、真の値と予測値の差ではなく「比」で誤差を捉えているため、このような直感と合った結果になります。

▓ 実践編

本項では、CHAPTER 03で扱った、ボストン市内の地域別住宅価格データを用いて、線形回帰の結果を元にRMSE・MAE・RMSLEを計算してみます。

ローカル上でJupyter Notebook、もしくはクラウド上にてGoogle Colaboratoryを起動してください。まずは、必要なライブラリを読み込みます。

```
import numpy as np
import pandas as pd

from sklearn.linear_model import LinearRegression
from sklearn.datasets import loac_boston

from sklearn.model_selection impcrt train_test_split
from sklearn.metrics import mean_absolute_error
from sklearn.metrics import mean_squared_error
from sklearn.metrics import mean_squared_log_error
```

8行目ではMAEを計算する用のライブラリ、9行目ではMSE（RMSEを2乗した値）を計算する用のライブラリ、10行目ではMSLE（RMSLEを2乗した値）を計算する用のライブラリを読み込んでいます。

続いて、データの読み込みと学習・予測まで一気に進みます。処理内容に疑問が浮かんだ方は、CHAPTER 03まで戻って復習しましょう。

■ SECTION-016 ■ 回帰における評価指標

```
boston = load_boston()
data_boston = pd.DataFrame(boston.data, columns=boston.feature_names)
data_boston['PRICE'] = boston.target

lr_multi = LinearRegression()

x_column_list_for_multi = ['CRIM', 'ZN', 'INDUS', 'CHAS', 'NOX', 'RM',
                           'AGE', 'DIS', 'RAD', 'TAX', 'PTRATIO', 'B', 'LSTAT']
y_column_list_for_multi = ['PRICE']

X_train, X_test, y_train, y_test = train_test_split(data_boston[x_column_list_for_multi],
                                                    data_boston[y_column_list_for_multi],
test_size=0.3)

lr_multi.fit(X_train, y_train)
y_pred = lr_multi.predict(X_test)
```

▶ RMSE

まずは、RMSEを計算してみます。下記で、MSEの値を求めることができます。

```
mean_squared_error(y_test, y_pred)
```

● 実行結果

```
24.734829293716786
```

RMSEはこちらに平方根をとった値なので、次のように計算します。

```
np.sqrt(mean_squared_error(y_test, y_pred))
```

● 実行結果

```
4.973412238465336
```

▶ MAE

次に、MAEを計算してみます。

```
mean_absolute_error(y_test, y_pred)
```

● 実行結果

```
3.4160617923834526
```

▶ RMSLE

RMSLEを計算してみます。下記で、MSLEの値を求めることができます。

```
mean_squared_log_error (y_test, y_pred)
```

●実行結果

```
0.06714508773512103
```

RMSLEはこちらに平方根をとった値なので、次のように計算します。

```
np.sqrt(mean_squared_log_error (y_test, y_pred))
```

●実行結果

```
0.25912369196027024
```

　本節では、RMSE・MAE・RMSLEについて学びました。残差がなるべく小さいモデルが良い、という考え方は共通です。どれかが優れている、というわけではないので注意してください。特にどこを評価したいかによって、使い分けられるようにしましょう。
　実践編で実際に計算してみましたが、その他のモデルにも適用し、それぞれの評価値がどのように変化するのか、確認してみてください。特に、理論編でも比較した下記について、データを変えるとどうなるか試してみましょう。

- RMSEとMAE
- RMSEとRMSLE

SECTION-017

分類における評価指標

本節では、分類問題にてよく使われるROC曲線・AUCという評価指標について解説します。

正解率

ROC曲線・AUCに入る前に、それらを計算するための性能評価値について、まずは学んでいきましょう。

ここでは、AとBという2つのクラスに分類する、二値分類問題を考えてみます。

まず、ある学習用のデータを使って、ロジスティック回帰などで、クラスAとBを分類するモデルを作ります。次に、そのモデルを評価するために、テストデータに当てはめて分類がしっかりできているのかを確認します。

Aクラスを正、Bクラスを負としたとき、テストデータに当てはめた結果に対して次のような図が書けます。

		予測されたクラス	
		正(A)	負(B)
真のクラス	正(A)	True Positive (TP:真陽性)	False Negative (FN:偽陰性)
	負(B)	False Positive (FP:偽陽性)	True Negative (TN:真陰性)

各象限について簡単に説明すると、次のようになります。

- True Positive(TP)：正解データが正であるものを、正しく正と予測できた数
- False Positive(FP)：正解データが負であるものを、間違って正と予測した数
- Flase Negative(FN)：正解データが正であるものを、間違って負と予測した数
- True Negative(TN)：正解データが負であるものを、正しく負と予測できた数

本書では、これ以降、True PositiveはTP、False PositiveはFPといったように、表記を省略します。

さて、この表から正解率を求めるとすると、次の式で計算することができます（分母が全体の数、分子が正解した数）。

$$正解率：(TP+TN)/(TP+FP+FN+TN)$$

正解率を評価指標として用いるのが直感的には良さそうではあるのですが、クラスに偏りがある場合、機能しなくなる問題があります。

なぜ不均衡なクラスでの正解率評価が問題か?

もし、学習の結果、「どんなデータでもすべてクラスAに入ってしまう」という、あまりに極端なモデルを作ってしまったとします。

先ほどの表を作ってみると、次のようになります。

		予測されたクラス	
		正(A)	負(B)
真のクラス	正(A)	TP:80	FN:0
	負(B)	FP:20	TN:0

どんなデータでも、クラスAと予測するため、表の右側は0になっています。
この結果をもとに、正解率を計算すると、次のようになります。

$$正解率:(TP+TN)/(TP+FP+FN+TN) = 80/100$$

数字だけみると、そこまで悪くありません。

しかし、この結果を確認して、「正解率が高いので良いモデルだ」と判断するのは、不適切な気がしませんか?

このように、クラス間のデータ数に偏りがあると、データ数の多いクラスにとりあえず分類しておけば、単純に正解率は大きくなってしまいます。

ということで、クラス間の偏りに依存しない指標が必要になります。

偽陽性率と真陽性率

もう一度、次の表を確認してみましょう。

		予測されたクラス	
		正(A)	負(B)
真のクラス	正(A)	True Positive (TP:真陽性)	False Negative (FN:偽陰性)
	負(B)	False Positive (FP:偽陽性)	True Negative (TN:真陰性)

この表を使って、次の2つの指標を算出してみます。

- False Positive Rate(偽陽性率): $FP/(FP+TN)$
- True Positive Rate(真陽性率): $TP/(TP+FN)$

偽陽性率は、正解データが負であるものを、間違って正と予測した割合です(分母は正解データが負の総和)。**真陽性率**は、正解データが正であるものを、正しく正と予測した割合です(分母は正解データが正の総和)。

偽陽性率と真陽性率はそれぞれ、各正解データのクラス内総データ数をもとに計算されるため、クラス間のデータ数の偏りによる影響を受けません。

そして、(次項で掘り下げますが)ROC曲線とは、そんな特徴を持つ「偽陽性率」と「真陽性率」をもとに算出する指標です。そのため、ROC曲線も、クラス間のデータ数の偏りによる影響を受けない特徴を持っています。

ROC曲線とは

ROC曲線には、先ほど求めた偽陽性率と真陽性率を使います。False Positive Rate（偽陽性率）を横軸にTrue Positive Rate（真陽性率）を縦軸に置いてプロットしたものがROC曲線です。

この説明だけではイメージがしにくいので、具体例で理解していきましょう。たとえば、クラスAとクラスBの2クラスを分類する問題で、各データに対して、モデルの予測値が次のようになったとします。ロジスティック回帰などをイメージするとわかりやすいかもしれません。

id	正解クラス	予測値
0	A	0.8
1	A	0.45
2	A	0.7
3	B	0.2
4	B	0.4
5	A	0.5
6	B	0.15
7	A	0.65
8	B	0.2
9	B	0.5
10	A	0.6

上記の表は、次のように正解とモデルの予測値を並べたものです。
- 正解がAのあるデータを、モデルに通したときの予測値が0.8
- 正解がAのあるデータを、モデルに通したときの予測値が0.45
- 正解がAのあるデータを、モデルに通したときの予測値が0.7
- 正解がBのあるデータを、モデルに通したときの予測値が0.2
- 正解がBのあるデータを、モデルに通したときの予測値が0.4

大体のモデルでは、「この予測値が0.5以上ならAとする、0.5より小さかったらBとする」という風に閾値を決めて分類の判断を下します。

この閾値をいろいろと変化させると、それに応じて偽陽性率と真陽性率も当然、変化していきます。たとえば、「スコアが0.8以上のときクラスAと予測する、0.8より小さければBと予測する」と閾値を設定したとします。このとき、先ほどの表に予測クラスを加えると、次のようになります。

■ SECTION-017 ■ 分類における評価指標

id	正解クラス	予測値	予測クラス
0	A	0.8	A
1	A	0.45	B
2	A	0.7	B
3	B	0.2	B
4	B	0.4	B
5	A	0.5	B
6	B	0.15	B
7	A	0.65	B
8	B	0.2	B
9	B	0.5	B
10	A	0.6	B

ほとんどのデータで、Bに分類する結果になりました。こちらをもとに、TP・FN・FP・TNを計算して表にまとめると、次のようになるため、偽陽性率は0、真陽性率は1/6と求められます。

		識別クラス	
		正(A)	負(B)
真のクラス	正(A)	TP：1	FN：5
	負(B)	FP：0	TN：5

次に、「スコアが0.45以上のときクラスAと予測する、0.45より小さければBと予測する」とします。

このとき、予測クラスを求めると、次のようになります。

id	正解クラス	予測値	予測クラス
0	A	0.8	A
1	A	0.45	A
2	A	0.7	A
3	B	0.2	B
4	B	0.4	B
5	A	0.5	A
6	B	0.15	B
7	A	0.65	A
8	B	0.2	B
9	B	0.5	A
10	A	0.6	A

予測結果は、閾値を0.8に設定したときと比べ、ばらけています。こちらをもとに、TP・FN・FP・TNを計算して表にまとめると、次のようになるため、偽陽性率は0.2、真陽性率は1と求められます。

		識別クラス	
		正(A)	負(B)
真のクラス	正(A)	TF：6	FN：0
	負(B)	FF：1	TN：4

■ SECTION-017 ■ 分類における評価指標

このように、各予測値を閾値として変化させながら、各予測値に対する偽陽性率と真陽性率の関係をまとめてみると、次の表が作られます。

id	正解クラス	予測値（閾値）	偽陽性率	真陽性率
0	a	0.8	0	0.17
1	a	0.45	0.2	0.1
2	a	0.7	0	0.33
3	b	0.2	0.8	1
4	b	0.4	0.4	1
5	a	0.5	0.2	0.83
6	b	0.15	1	1
7	a	0.65	0	0.33
8	b	0.2	0.8	1
9	b	0.5	0.2	0.83
10	a	0.6	0	0.67

これれだけ見てもまだわかりません。そこで、閾値を変えた時に、偽陽性率と真陽性率がどのように変化しているのか確認するため、予測値の降順で並び替えてみます。

id	正解クラス	予測値（閾値）	偽陽性率	真陽性率
0	a	0.8	0	0.17
2	a	0.7	0	0.33
7	a	0.65	0	0.33
10	a	0.6	0	0.67
5	a	0.5	0.2	0.83
9	b	0.5	0.2	0.83
1	a	0.45	0.2	0.1
4	b	0.4	0.4	1
3	b	0.2	0.8	1
8	b	0.2	0.8	1
6	b	0.15	1	1

予測値（＝クラス分類における閾値）を大きい値から下げていくと、偽陽性率と真陽性率がともに大きくなっていることがわかります。

閾値を下げるということは、なんでもかんでもとりあえずAと分類することを指しているので、陽性と判定される割合は大きくなる（真陽性率が大きくなる）と同時に、間違って陽性と判定する割合(偽陽性率が大きくなる)も大きくなります。

ここで目指したいのは、**間違って陽性と判定してしまう割合を小さくして（偽陽性率が小さい）、なおかつ正解データの陽性であるものをできるだけ多く陽性と判定（真陽性率が大きい）できるモデルを作ること**です。

ROC曲線をプロット

先ほどの偽陽性率と真陽性率の関係を図示すると次のようなグラフができます。このように、**閾値を変化させたときの偽陽性率と真陽性率による各点を、結んだものがROC曲線**です（横軸：偽陽性率、縦軸：真陽性率）。

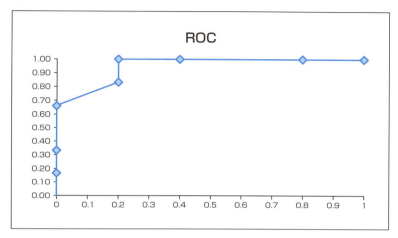

偽陽性率（正解がクラスBのデータをクラスAと識別してしまった割合）が大きくなるように閾値を設定すれば、それはつまりクラスAに分類する判定を甘くすることにもなるため、真陽性率（正解がクラスaのデータをクラスaと識別できた割合）も自動的に増加します。つまり、このグラフは右下に下がることはなく、右に行くほど（偽陽性率が上がるほど）上に伸びる形をとります（真陽性率が上がる）。

極端にいえば、偽陽性率が1に近づくということは、なんでもかんでもクラスAに分類しているようなものなので、それは必然的に真陽性率も1に近づきます。

このようなことを考えると、**良いモデルとは偽陽性率が低い時点ですでに真陽性率が高い数値がでること**という考えが直観的に理解できます。

AUCの考え方

前項を踏まえ、次の2点を考えます。
- ROC曲線は右にいくほど下がることはない
- 偽陽性率の値が小さくても、高い真陽性率を達成しているモデルほど良い

すると、ROC曲線とx軸y軸で囲まれた部分（下図の斜線部）の面積ができるだけ大きいものほど良いモデルであるといえそうです。

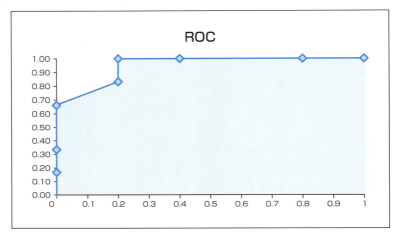

この面積の値が**AUC(Area under an ROC curve)**と呼ばれる指標です。AUCが1に近いほど性能が高いモデルです。なお、完全にランダムに予測される場合、AUCは0.5、つまりROC曲線は原点(0,0)と(1,1)を結ぶ直線になります。

たとえば、2つのモデルを比較したいときに、ROC曲線が次のようになったとします。

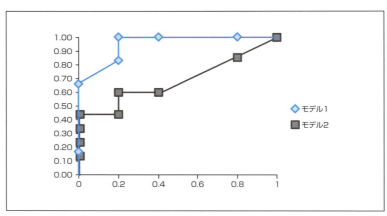

AUCが1に近いほど、つまりROCで囲われている面積の大きいほうがモデルの性能が高いので、この場合はモデル1のほうが良いと判断できます。

実践編

本項では、CHAPTER 04で扱った、irisデータを用いて、ロジスティック回帰の分類結果をもとに正解率とAUCを計算してみます。

ローカル上でJupyter Notebook、もしくはクラウド上にてGoogle Colaboratoryを起動してください。まずは、必要なライブラリを読み込みます。

```
import numpy as np
import pandas as pd

from sklearn.datasets import load_iris
from sklearn.linear_model import LogisticRegression

from sklearn.model_selection import train_test_split
from sklearn.metrics import accuracy_score
from sklearn.metrics import roc_auc_score
```

8行目では正解率を計算する用のライブラリ、9行目ではAUCを計算する用のライブラリを読み込んでいます。

続いて、データの読み込みと学習・予測まで一気に進みます。処理内容に疑問が浮かんだ方は、CHAPTER 04まで戻って復習しましょう。

```
iris = load_iris()

tmp_data = pd.DataFrame(iris.data, columns=iris.feature_names)
tmp_data["target"] = iris.target

data_iris = tmp_data[tmp_data['target'] <= 1]

x_column_list = ['sepal length (cm)']
y_column_list = ['target']

X_train, X_test, y_train, y_test = train_test_split(data_iris[x_column_list],
                                                    data_iris[y_column_list], test_size=0.3)

logit = LogisticRegression()

logit = LogisticRegression()
logit.fit(X_train, y_train)

y_pred = logit.predict(X_test)
```

■ SECTION-017 ■ 分類における評価指標

▶ 正解率

まずは、正解率を計算してみます。下記で、正解率の値を求めることができます。

```
accuracy_score(y_test, y_pred)
```

◉ 実行結果
```
0.8
```

▶ AUC

次に、AUCを計算してみます。理論編では長く説明しましたが、`roc_auc_score()` を用いると簡単に求めてくれます。

```
roc_auc_score(y_test, y_pred)
```

◉ 実行結果
```
0.8194444444444444
```

おわりに

本章では、回帰における評価指標として下記を解説しました。
- RMSE
- MAE
- RMSLE

分類における評価指標としては下記を解説しました。
- ROC曲線
- AUC

モデルを作成したら、それで終わりにせず、必ず上記のような指標を使って評価してください。その際に、データの特性に合わせて、適した指標を選択できるようにしましょう。

CHAPTER 07
ニューラルネットワーク

本章では、ニューラルネットワークについて紹介します。
218ページでは基礎となるニューラルネットワークについて、240ページでは入力データが画像の際によく使われる畳み込みニューラルネットワークについて学びます。

SECTION-018

ニューラルネットワーク

　本節では、近年研究が盛んな、ニューラルネットワークについて紹介します。少し数式が登場しますが、なるべく直感的に理解できるように説明を行っているので、ぜひ最後まで読んでみてください。

概要

　ニューラルネットワークは、脳の神経伝達の働きを数理モデルとして落とし込んだものです。ニューラルネットは、内部の計算方法によって次のような種類に分けられます。

- 順伝播型ニューラルネットワーク
- 畳み込みニューラルネットワーク
- 再帰型ニューラルネットワーク

本節では最もオーソドックスな順伝播型ニューラルネットについて解説します。
　脳は入力を受け取ると、下記の画像のように各神経細胞が反応しながら処理が次々と行われます。

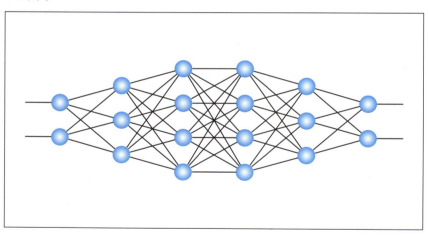

シンプルな例

いま、PCのメモリと値段に関するデータがあるとします。そこで、どれだけメモリがあるかをもとに、値段をニューラルネットで予測してみるとしましょう。

メモリ	値段（万円）
4	5
8	12
8	10
12	20
16	23

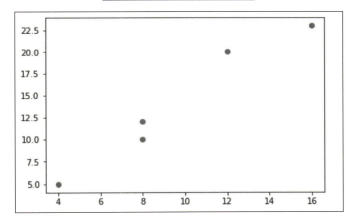

まず先に、用語の整理を行います。ニューラルネットは、下図のように、**入力層・中間層・出力層**という層構造を持っています。入力データを受け取る層が入力層、予測値を返す層が出力層、入力層と出力層に挟まれたその他の層が中間層です。後述しますが、中間層と出力層は、それぞれ**活性化関数**という特殊な変換をする関数を持っています。

また、各層には、まるで神経細胞のように、前の層から受け取った情報を処理して次の層へ流す**ユニット**（丸印の箇所）があります。ユニット同士を結んでいるのが**エッジ**で、こちらも後述しますが、それぞれ**重み**という情報を持っています。

SECTION-018 ニューラルネットワーク

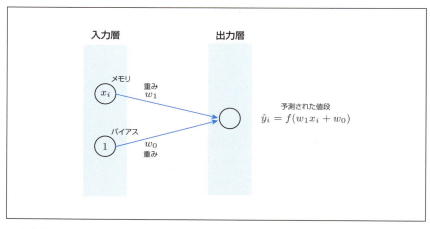

まずは、入力層と出力層のみからなるニューラルネットを試してみます。

　入力層のユニットの数は、説明変数の数にプラス1をした値です。今回は、「PCのメモリ」という変数しかないため、入力層のユニット数は2つです。どうしてプラス1をするかというと、バイアスという線形回帰時の切片項のような働きをする変数を追加する必要があるからです。このバイアスの値は、常に1とします。なお、バイアスがないモデルも存在しますが、ここではあるものとして説明を進めます。

　出力層のユニットの数は、予測したい変数の数です。今回は、「PCの値段」という変数しかないため、出力層のユニット数は1つです。

　エッジは、隣合わせの層に属する全ユニットをつなぎます。今回は、入力層ユニットが2つ、出力層ユニットが1つしかないため、上記の図のようにエッジは2つのみです。

■ SECTION-018 ■ ニューラルネットワーク

　なお、それぞれエッジは、何らかの w_1 と w_0 という値の重みを持っているとします。ニューラルネットワークの目的は、最も予測精度が高くなる（予測値と実際の値が近くなる）ように、この重みを求めることです。

　また、出力層は何らかの活性化関数 $f(\cdot)$ を持っているとします。

　このような条件下で、仮に x_i という値が入力されたときに、どのように予測結果 y_i が計算されるのか、説明します。

- 入力層の各ユニットが持つ値と、関係するエッジに対する重みをそれぞれかけた値を足し合わせ、出力層のユニットに渡す
    - つまり、$w_1 x_i + w_0$ が出力層のユニットに渡る
- 出力層のユニットでは、入力層から受け取った値、$w_1 x_i + w_0$ を活性化関数に渡し、出力とする
    - つまり、$\hat{y}_i = f(w_1 x_i + w_0)$ を予測結果とする

　さまざまな入力値 x_i に対して、それぞれ予測結果 $\hat{y}_i = f(w_1 x_i + w_0)$ が計算できます。各入力に対する予測値を計算する方法はわかりましたが、ここで疑問がいくつか残ります。

- 活性化関数とは具体的にどのような関数か、また活性化関数をかます目的はなんなのか
- 目的である、予測精度を高くする（予測値と実際の値を近づける）最適な重みはどのように求めればよいのか

　これらについては、次節で解説します。

活性化関数と損失関数

　活性化関数は任意の関数を設定して問題ないのですが、一般的によく使われる関数を紹介します。

▶ 恒等関数

　恒等関数の式は次の通りです。

$$f(x) = x$$

　図の通り、活性化関数として恒等関数を選んだ場合は、何も変換していないのと同等です。

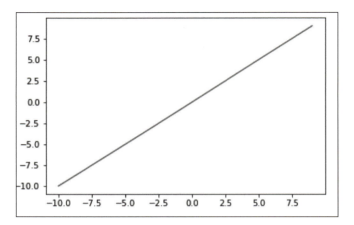

▶ ReLU

ReLUの式は次の通りです。

$$f(x) = \max(0, x)$$

活性化関数としてReLUを選択した場合、受け取った値が0以下であれば0を返し、0より大きければその値を返します。

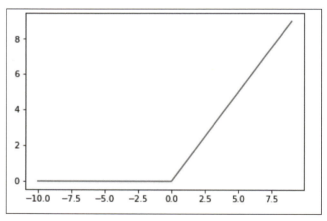

▶ シグモイド

シグモイドの式は次の通りです。

$$f(x) = \frac{1}{1 + \exp(-x)}$$

CHAPTER 04で学んだシグモイド関数です。活性化関数としてシグモイドを選択した場合、下図のよう変換されます。

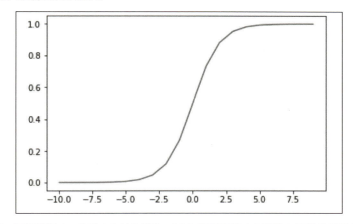

通常、恒等関数や、定数をかけるだけのような線形変換する関数を活性化関数としては用いません。たとえば、ただ値を3倍する関数に通すのと、重みの値を3倍にするのは、結局は同じです。そのため、そのような活性化関数を用いる意味がありません。

活性化関数を用いるメリットとして、非線形な変換を内部で行うことができる点があります。非線形な変換を行った中間層を重ねることで、人間が定義するのが到底難しいような複雑な回帰や分類をするモデルを構築することができます。

なお、中間層における活性化関数には、ReLUが用いられることが多いです。出力層の活性化関数については、回帰の場合恒等関数を用います。また、CHAPTER 04で学んだような2値分類であれば、シグモイド関数を適用するとよいでしょう。解きたい問題の種類によって使い分けましょう。

続いて、予測精度を高くする（予測値と実際の値を近づける）最適な重みはどのように求めればよいのか、という疑問を解消していきます。

CHAPTER 03を学んだ方であれば、気づいたかもしれません。回帰を行う際は、「なるべく予測値と実際の値を近づける」ということで、残差二乗和をなるべく少なくする重みが求まれば、それが最適な重みです。

もし、分類を行いたい場合は、CHAPTER 04で学んだように、尤度が最も大きくなる重みが求まれば、それが最適な重みです。

回帰の場合は「残差二乗和を**小さくする**」、分類の場合は「尤度を**大きくする**」という表現だと扱いにくいので、分類の場合は「尤度にマイナスつけた値を、小さくする」と表現し直しましょう。それぞれ次のようになります。

- 回帰の場合、残差二乗和をなるべく小さくする
- 分類の場合、尤度にマイナスをつけた値をなるべく小さくする

この、なるべく小さくしたい値を**損失**、そして損失を求めるための関数を**損失関数**と呼びます。

CHAPTER 03で学んだ正則化を入れたい場合は、損失関数として含めてあげれば同じように解くことができます。今回の例では、特に正則化は考えないとすると、回帰問題なので、残差二乗和を損失関数としています。

ここで、今回解きたいニューラルネットワークの構造を再掲します。

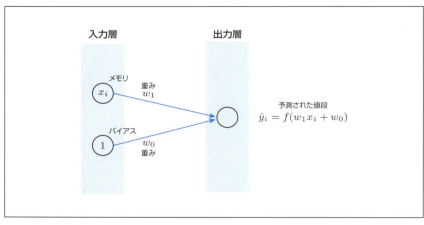

もし、活性化関数に恒等関数を用い、損失関数を残差二乗和に設定したとします。すると、下記の式を小さくするように重みが求められます（なお、n はデータの数、y_i は実際の値、$\hat{y}_i$ はモデルが予測した値）。

$$\text{損失関数} = \sum_{i=1}^{n}(y_i - \hat{y}_i)^2$$

$$= \sum_{i=1}^{n}(y_i - (w_1 x_i + w_0))^2$$

これは、3章で学んだ線形回帰と全く違いがありません。

同じく、仮に活性化関数にシグモイド関数をかまし、損失関数に尤度のマイナスを設定すると、CHAPTER 04で学んだロジスティック回帰と同じモデルを作っていることになります。

中間層を追加したニューラルネットワーク

前項までは、入力層と出力層という簡単な構造の例を用いて、ニューラルネットワークの基本事項を整理しました。しかし、簡単すぎて、線形回帰やロジスティック回帰と変わらないモデルになってしまいました。

本項では、中間層を追加したニューラルネットを用いて、もう少し深掘りしていきます。

なお、次のように、ハードディスク容量の変数を追加しました。

メモリ(GB)	容量(GB)	値段(万円)
4	128	5
8	512	12
8	256	10
12	1024	20
16	512	23

ネットワークの構造としては、中間層を2つ追加し、それぞれユニット数2つ(バイアスが追加されるので計3つ)と1つ(バイアスが追加されているので計2つ)にしています。

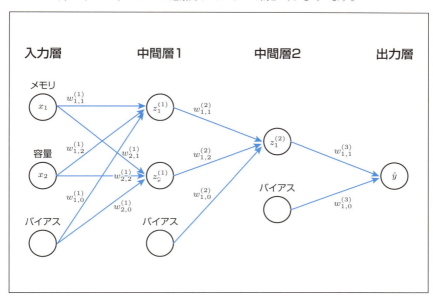

中間層1の活性化関数を、$f_1(\cdot)$ とすると、中間層1のユニット、$z_1^{(1)}$ や $z_2^{(1)}$ は次のように計算されます。

$$z_1^{(1)} = f_1(w_{1,1}^{(1)}x_1 + w_{1,2}^{(1)}x_2 + w_{1,0}^{(1)})$$

$$z_2^{(1)} = f_1(w_{2,1}^{(1)}x_1 + w_{2,2}^{(1)}x_2 + w_{2,0}^{(1)})$$

同様に、中間層2の活性化関数を、$f_2(\cdot)$ とすると、中間層2のユニット、$z_1^{(2)}$ は次のように計算されます。

$$z_1^{(2)} = f_2(w_{1,1}^{(2)} z_1^{(1)} + w_{1,2}^{(2)} z_2^{(1)} + w_{1,0}^{(2)})$$

そして、出力層の活性化関数を、$f_3(\cdot)$ とすると、出力値は次のように計算されます。

$$\hat{y} = f_3(w_{1,1}^{(3)} z_1^{(2)} + w_{1,0}^{(3)})$$

今回、回帰なので、f_3 は恒等関数にするため、実際には次と同等です。

$$\hat{y} = w_{1,1}^{(3)} z_1^{(2)} + w_{1,0}^{(3)}$$

このように、各データについて、予測値 $\hat{y}$ を求めることで、損失関数の値を求めることができます。

あとは、損失関数がなるべく小さくなるような、重み($w_{1,0}^{(1)}, w_{1,1}^{(1)}, w_{1,2}^{(1)}, w_{2,0}^{(1)}, w_{2,1}^{(1)}, w_{2,2}^{(1)}, w_{1,0}^{(2)}, w_{1,1}^{(2)}, w_{1,2}^{(2)}, w_{1,0}^{(3)}, w_{1,1}^{(3)}$)を見つけます。

ランダムにさまざまな重みを試してみて、最も損失関数が小さくなる値を見つけるという方法もありますが、あまりに効率が悪いので、**誤差逆伝播法**という方法を用いて求めていきます。誤差逆伝播法については、他の書籍などを参考にしてください。ここでは、誤差逆伝播法という手法を使って、効率的に損失関数を小さくする重み値を求めている、という点のみ理解しておきましょう。

今回のように、変数が少なかったりネットワークの構造が単純な場合は、求めたいパラメータの数が少ないので、短い計算時間で最適な値を求めることができます。複雑な構造にすると、パラメータの数がぐんと伸び、なかなか損失関数を最小にするような値を見つけるのに時間がかかるので注意してください。

▍行列による、重みの表現

前項で用いた、データとネットワーク構造を再掲します。

メモリ(GB)	容量(GB)	値段(万円)
4	128	5
8	512	12
8	256	10
12	1024	20
16	512	23

ユニットの数が増えると、それに応じて重みパラメータの数も増えていきます。たとえば、中間層1に $z_3^{(1)}$ というユニットを追加すると、$w_{3,1}^{(1)}, w_{3,2}^{(1)}, w_{3,0}^{(1)}, w_{1,3}^{(2)}$ という重みが追加されます。

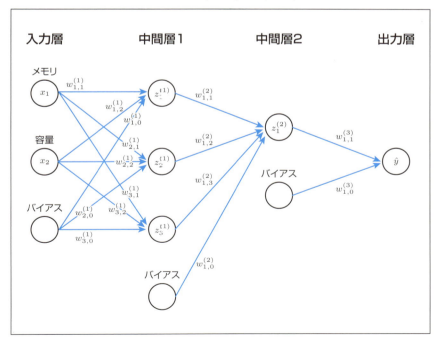

SECTION-018 ニューラルネットワーク

パラメータが増えるたびに、$w_{1,1}, w_{1,2}, w_{1,3}...$ と添字を与えるのは面倒なので、別の表記方法を検討してみます。

たとえば、入力層から中間層1への重みとしては、ユニット $z_1^{(1)}$ に対する重みとして $w_{1,0}^{(1)}, w_{1,1}^{(1)}, w_{1,2}^{(1)}$ の3つのパラメータ、$z_2^{(1)}$ に対する重みとして $w_{2,0}^{(1)}, w_{2,1}^{(1)}, w_{2,2}^{(1)}$ の3つのパラメータ、$z_3^{(1)}$ に対する重みとして $w_{3,0}^{(1)}, w_{3,1}^{(1)}, w_{3,2}^{(1)}$ の3つのパラメータ、計9つを持っていることになります。

これをそれぞれ順に縦に並べると、次のようになります。

$$\begin{pmatrix} w_{1,0}^{(1)} & w_{2,0}^{(1)} & w_{3,0}^{(1)} \\ w_{1,1}^{(1)} & w_{2,1}^{(1)} & w_{3,1}^{(1)} \\ w_{1,2}^{(1)} & w_{2,2}^{(1)} & w_{3,2}^{(1)} \end{pmatrix}$$

このように、行列形式（数や文字を縦横に並べたものを）で表現された重みの情報を、**重み行列**と呼びます。

入力層から中間層1への重み行列を W_1、中間層1から中間層2への重み行列を W_2 …と、以下同様に表記してみます。

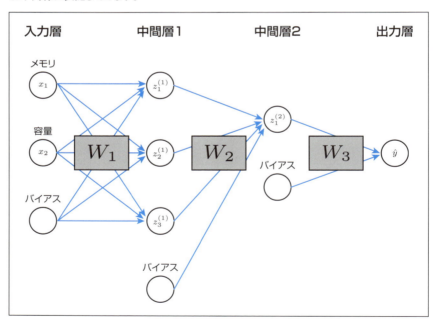

なお、行列の横の並びを行、縦の並びを列といいます。W_1 の例では、3行と3列あるため、3×3 の重み行列などと表現されます。

同様に、中間層1から中間層2への重みとしては、ユニット $z_1^{(2)}$ に対する重みとして $w_{1,0}^{(2)}, w_{1,1}^{(2)}, w_{1,2}^{(2)}, w_{1,3}^{(2)}$ の4つのパラメータを持っています。

重み行列で表現すると、下記のようになります。

$$W_2 = \begin{pmatrix} w_{1,0}^{(2)} \\ w_{1,1}^{(2)} \\ w_{1,2}^{(2)} \\ w_{1,3}^{(2)} \end{pmatrix}$$

W_2 は見ての通り、4行1列のため、4×1 の重み行列です。

なお、各重み行列の行数と列数は、ユニットの数と対応関係にあります。たとえば、次のような構造のネットワークがあるとします。

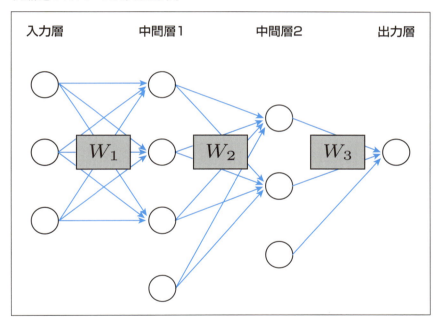

W_1 はユニット3つからユニット3つをつなぐため、3×3 の重み行列となり、W_2 はユニット4つからユニット2つをつなぐため、4×2 の重み行列となり、W_3 はユニット3つからユニット1つをつなぐため、3×1 の重み行列となります。

■ SECTION-018 ■ ニューラルネットワーク

実践編1（mnistデータ）

本項では、mnistというよく使われる画像データを用いて、前項までで学んだニューラルネットワークを実践します。

ニューラルネットワークを簡単に実装するために、kerasというライブラリを用いるのですが、ローカル環境にインストールする場合、苦戦することがあります。また、演算にはGPU環境があると高速に終わるため、本項の実装はGoogle Colaboratory 上で行うことを推奨します。

まずは、必要なライブラリを読み込みます。

```python
from keras.layers import Dense
from keras.models import Sequential
from keras.utils import to_categorical
import matplotlib.pyplot as plt

from keras.datasets import mnist
```

kerasから処理に必要なライブラリ、可視化用ライブラリとしてmatplotlibをインポートしています。

また、6行目では、kerasに含まれるデータセットの中からmnistデータを読み込んでいます。mnistとは、0〜9の数字を手書きした画像が大量に含まれるデータセットです。

load_data() という関数で学習用のデータと検証用のデータをそれぞれ読み込むことができます。

```python
(X_train, y_train), (X_test, y_test) = mnist.load_data()
```

下記を実行して、どんなデータなのか確認してください。

```python
print(X_train.shape)
```

◉実行結果

```
(60000, 28, 28)
```

1枚あたり28×28（ピクセル）の画像が60000枚あることがわかります。

それぞれの画像にどんな値が入っているか、確認してみます。

```python
print(X_train[0])
```

● 実行結果

```
[[  0   0   0   0   0   0   0   0   0   0   0   0   0   0   0   0   0   0
    0   0   0   0   0   0   0   0   0   0]]
 [  0   0   0   0   0   0   0   0   0   0   0   0   0   0   0   0   0   0
    0   0   0   0   0   0   0   0   0   0]
 [  0   0   0   0   0   0   0   0   0   0   0   0   0   0   0   0   0   0
    0   0   0   0   0   0   0   0   0   0]
 [  0   0   0   0   0   0   0   0   0   0   0   0   0   0   0   0   0   0
    0   0   0   0   0   0   0   0   0   0]
 [  0   0   0   0   0   0   0   0   0   0   0   0   0   0   0   0   0   0
    0   0   0   0   0   0   0   0   0   0]
 [  0   0   0   0   0   0   0   0   0   0   0   0   3  18  18  18 126 136
  175  26 166 255 247 127   0   0   0   0]
 [  0   0   0   0   0   0   0   0  30  36  94 154 170 253 253 253 253 253
  225 172 253 242 195  64   0   0   0   0]
...(省略)
```

 28×28の配列に0〜255の値が入っていますが、これは各ピクセルの輝度値（明るさ）を表しています。

 この輝度値をもとに、画像を生成してみましょう。

```
plt.imshow(X_train[0], cmap='gray')
```

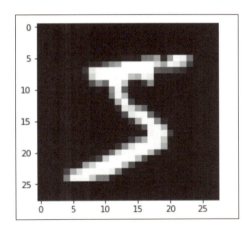

 なんとなく、数字の5に見えます。

```
plt.imshow(X_train[1], cmap='gray')
```

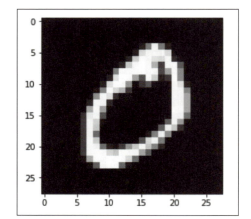

こちらは、はっきりと数字の0だとわかります。

続いて、y_trainのデータを確認します。

```
print(y_train.shape)
print(y_train[0])
print(y_train[1])
```

◉実行結果

```
(60000,)
5
0
```

`X_train`と同様に、60000のデータがあります。また、それぞれの値は、正解ラベル(0〜9のどの数字に該当するのか)を表しています。

▶データ整形

ニューラルネットワークで学習をさせる前に、データを整形させます。

まず、`X_train`や`X_test`の各データは28×28の配列で格納されているので、1次元配列に変換する必要があります。

```
X_train = X_train.reshape(60000, 28*28)
X_test = X_test.reshape(10000, 28*28)
```

次に、輝度値を0〜1に入るように正規化します。

```
X_train = X_train.astype('float32')/255
X_test = X_test.astype('float32')/255
```

▶学習と評価

データ整形が完了したら、次はニューラルネットワークのモデルを作成します。
とりあえず、見よう見まねで以下を実行してください。

```
model = Sequential()
model.add(Dense(64, activation='relu', input_dim=28*28))
model.add(Dense(10, activation='softmax'))

model.summary()
```

まず、1行目の `Sequential()` で、専用のインスタンスを生成します。2行目の意味は次の通りです。

- 入力データ次元 28*28
- 64のユニットを持つ層
- 活性化関数にはreluを使用

3行目の意味は次の通りです。

- 10のユニットを持つ
- 活性化関数にはsoftmax を使用

softmaxとは、今回のような分類問題の出力層でよく使われる活性化関数です。
中間層が1つのシンプルなモデルですが、こちらで一度、学習を行ってみます。学習前に、`compile()` 関数を実行してどのように学習させるか決定する必要があります。

```
model.compile(optimizer='Adam',
              loss='categorical_crossentropy',
              metrics=['accuracy'])
```

なお、`compile()` には、次のような引数を指定します。

引数	説明
optimizer	どの最適化アルゴリズムを用いるか指定できる。今回、Adamというアルゴリズムを選択している。最適化アルゴリズムを変更すると、パラメータの収束の仕方が変わるので、当然結果も変わる。詳しくは、公式リファレンス（https://keras.io/optimizers/）を参照
loss	どのような損失関数を用いるか指定できる。分類問題なので、今回、categorical_crossentropyを指定している。各問題に適した損失関数を設定する。詳しくは、公式リファレンス（https://keras.io/losses/）を参照。
metrics	評価関数を指定できる。分類問題なので、今回、accuracy（正解率）を指定している

学習は、`fit()` 関数を実行します。`fit()` には、説明変数・目的変数とともに、エポック数（ `epochs` ）やバッチサイズ（ `batch_size` ）を指定することができます。

SECTION-018 ニューラルネットワーク

バッチサイズで指定した数ごとに、パラメータの更新を行います。また、エポック数で指定した数だけ、学習を反復します。エポック数を大きくすると、過学習が起こりやすくなるので注意してください。

```
model.fit(X_train, y_train, epochs=5, batch_size=64)
```

◉実行結果

```
Epoch 1/5
60000/60000 [==============================] - 3s 57us/step - loss: 0.0764 - acc: 0.9780
Epoch 2/5
60000/60000 [==============================] - 3s 53us/step - loss: 0.0641 - acc: 0.9816
Epoch 3/5
60000/60000 [==============================] - 3s 53us/step - loss: 0.0540 - acc: 0.9839
Epoch 4/5
60000/60000 [==============================] - 3s 53us/step - loss: 0.0463 - acc: 0.9868
Epoch 5/5
60000/60000 [==============================] - 3s 54us/step - loss: 0.0399 - acc: 0.9882
```

GPUを使っているため、非常に早く計算が終わりました。

学習が終わったので、次は予測用データを使って、正解率を計算してみます。専用の、evaluate() という関数が用意されているので、そちらを使います。

```
model.evaluate(X_test, y_test)
```

◉実行結果

```
[0.09026894695395604, 0.9738]
```

左が損失関数の値、右が正解率です。97%程度正解できるモデルを作ることができました。

▶ モデルを複雑に

続いて、中間層を増やし、結果がどうなるか確認してみましょう。

```
model2 = Sequential()
model2.add(Dense(512, activation='relu', input_dim=28*28))
model2.add(Dense(512, activation='relu'))
model2.add(Dense(10, activation='softmax'))

model2.compile(optimizer='Adam',
            loss='categorical_crossentropy',
            metrics=['accuracy'])

model2.fit(X_train, y_train, epochs=5, batch_size=64)

model2.evaluate(X_test, y_test)
```

● 実行結果

```
[0.07924796222614577, 0.9814]
```

98%程度の正解率で、先ほどより精度を改善することができました。

実践編2（寺と神社の画像データ）

前項では、事前に用意されたデータを使ってニューラルネットワークを実践しました。本項では、Google Custom Search APIを用いて、インターネット上のお寺と神社の画像データを取得し、ニューラルネットワークで分類してみます。

Google Custom Search AFIを使用するには、開発者登録をし、次の2つの情報を取得する必要があります。

- API Key
- 検索エンジンID

次のURLにアクセスし、登録を完了させてください。
URL https://cloud.gocgle.com/

なお、Twitter APIと同様に、登録方法が今後変わる可能性が高いため、本書では詳細な手順は省略します。「Goog.e Custom Search API 登録」などと検索して表示されるWebサイトの中から、なるべく新しい情報を見つけ、それらを参考にしながら登録してください。APIについて詳しく知りたい方は、公式サイトを参照してください。
URL https://developers.google.com/custom-search/v1/cse/list?hl=ja

▶ APIによるデータ取得

画像を取得し、ローカルに保存するPythonスクリプトを用意しました。先ほど取得した、API Keyや、検索エンジンIDを貼り付け、下記を実行してみてください。

次のようにそれぞれ100枚ずつデータがダウンロードできていることを確認してください。

- temple0.jpg
- temple1.jpg
- temple2.jpg
- …（省略）
- shrine0.jpg
- shrine1.jpg
- shrine2.jpg
- …（省略）

注意点として、1つの検索条件で取得できるのは最大100件までです。キーワードを変更したり、パラメータを変更したりしながらデータをなるべく多く集めましょう。

たとえば、「寺」を「temple」に、「神社」を「shrine」に変更してみたり、API用のURLにdateRestrictパラメータを追加して期間を変更してみると、取得できる画像は変わります。

■ SECTION-018 ■ ニューラルネットワーク

　なお、2回目以降の実行の際は、ファイル名が上書きされないように、17行目の `start_num` 変数に100や200を代入してから実行してください。

```python
#-*- coding:utf-8 -*-

import urllib.request
from urllib.parse import quote
import httplib2
import json
import requests

KEY = "" # 取得したAPI Key
ENGINE_ID = "" # 取得した検索エンジンID

keywords = ["寺", "神社"]
start_num = 0

def get_urls(keyword, number):
    urls = []
    count = 0

    while count < number:
        if number - count <= 10:
            num_param = str(number - count)
        else:
            num_param = "10"

        query = "https://www.googleapis.com/customsearch/v1?key=" + KEY + \
            "&cx=" + ENGINE_ID + \
            "&num=" + num_param + \
            "&start=" + str(count + 1) + \
            "&q=" + quote(keyword) + \
            "&searchType=image"  # &dateRestrict=y1"

        res = urllib.request.urlopen(query)
        data = json.loads(res.read().decode('utf-8'))

        for i in range(len(data["items"])):
            urls.append(data["items"][i]["link"])

        count += 10

    return urls

def get_images(keyword, number):
    urls = get_urls(keyword, number)
```

```
        for i in range(len(urls)):
            res = requests.get(urls[i], verify=False)
            image = res.content

            if keyword == keywords[0]:
                filename = "temple" + str(i + start_num) + ".jpg"
            else:
                filename = "shrine" + str(i + start_num) + ".jpg"

            with open(filename, 'wb') as f:
                f.write(image)

# メイン
for keyword in keywords:
    # キーワードごとに取得したい枚数を指定(今回は100)
    get_images(keyword, 100)
```

今回、寺・神社それぞれ600枚ほど集めました。しっかりとした解析をするには十分な量ではないですが、こちらで試してみましょう。

　Google Colaboratory 上で行うことを前提に話を進めます。まずは、必要なライブラリを読み込みます。

```
from keras.datasets import mnist
from keras.utils import to_categcrical

from keras.layers import Dense
from keras.models import Sequential
from keras.models import load_mocel

import matplotlib.pyplot as plt
from PIL import Image
import os
import numpy as np
from sklearn.model_selection import impcrt train_test_split
```

　先ほど取得した画像ファイルを、適当なGoogle Driveのフォルダにアップロードしてください。該当フォルダをGoogle Colaboratoryからマウントし、読み込むことにします。
　下記を実行し、表示される手順に従って認証を行ってください。

```
from google.colab import drive
drive.mount('/content/drive/')
```

　マウントできたら、画像データを読み込みます。

```
folder_path = "/content/drive/My Drive/XXXXX/"
file_list = os.listdir(folder_path)
```

SECTION-018 ニューラルネットワーク

　`folder_path` 変数には、画像ファイルがアップロードされたフォルダへのパスを指定してください。

　下記を実行し、対象フォルダに置かれたファイルが取得できていることを確認してください。

```
print(file_list)
```

　下記を実行し、画像データを `X` に、ラベル情報（寺なのか神社なのか）を `Y` に格納してください。30×30（ピクセル）に画像をリサイズしていますが、この数字は適宜、変更してください。

　画像を読み込んだら、RGB情報に変換された配列を取得し、リサイズ後に `X` に追加していきます。

　お寺であれば「0」、神社であれば「1」として、`Y` に追加していきます。

```
X = []
Y = []
image_size = 30

for file in file_list:
    try:
        image = Image.open(folder_path + file)
    except:
        print('error', file)
        continue

    image = image.convert("RGB")
    image = image.resize((image_size, image_size))
    data = np.asarray(image)
    X.append(data)
    if 'temple' in file:
        Y.append(0)
    else:
        Y.append(1)

X = np.array(X)
Y = np.array(Y)

print(X.shape)
print(Y.shape)
```

◉実行結果

```
(1126, 30, 30, 3)
(1126,)
```

▶ データ整形

まず、学習用のデータと予測用データに分割します。

```
X_train, X_test, y_train, y_test = train_test_split(X, Y, test_size=0.25)
```

また、mnistのときと同様に、データを整形します。

```
# 画像を1次元配列にreshape
X_train = X_train.reshape(-1, image_size * image_size *3)
X_test = X_test.reshape(-1, image_size * image_size *3)

# 0 ~ 1に入るように正規化
X_train = X_train.astype('float32')/255
X_test = X_test.astype('float32')/255

# one hot encoding
y_train = to_categorical(y_train)
y_test = to_categorical(y_test)
```

▶ 学習と評価

mnistのときと同様に、中間層が1つのニューラルネットを試してみます。

```
model = Sequential()
model.add(Dense(64, activation='relu', input_dim=image_size * image_size *3))
model.add(Dense(2, activation='softmax'))

model.compile(optimizer='Adam',
              loss='categorical_crossentropy',
              metrics=['accuracy'])

model.fit(X_train, y_train, epochs=20, batch_size=20)

model.evaluate(X_test, y_test)
```

◉実行結果

```
[0.5349901978005754, 0.776595746371763]
```

78%程度の正解率という結果が出ました。画像枚数は少ないですが、それにしてはまずまずの精度が出たのではないでしょうか。

モデルを複雑にしたり、読み込み時の画像サイズを変更したりして、結果がどう改善されるか、確認してみてください。

SECTION-019

畳み込みニューラルネットワーク

　本節では、画像分類問題で特に活用されている、**畳み込みニューラルネットワーク**（Convolutional neural network）について紹介します。

　前節で学んだニューラルネットワークを基礎に、畳み込みニューラルネットワーク（CNN）では、新たに**畳み込み層**と**プーリング層**という2つの層を追加します。

▌通常のネットワークで画像分類

　まず、前節で学んだ通常のニューラルネットを使って、画像分類問題を解こうとしてみます。次のように、手書きで書かれた「1」や「0」を画像のみから分類したいとします。

　ニューラルネットを使うためには、画像データを数値化する必要があります。このようなグレースケールの画像では、各ピクセルごとに輝度値を計算することで数値化することが多いです。

　たとえば、画像を縦横10個に分け、それぞれで輝度値を計算したとします。

0	0	0	0	0	0	0	0	0	0
0	0	0	0	70	200	0	0	0	0
0	0	0	70	150	220	40	0	0	0
0	0	40	130	120	180	40	0	0	0
0	0	0	0	50	230	50	0	0	0
0	0	0	0	0	240	100	0	0	0
0	0	0	0	45	210	45	0	0	0
0	0	0	0	35	200	35	0	0	0
0	0	80	180	220	200	190	210	70	0
0	0	0	0	0	0	0	0	0	0

SECTION-019 畳み込みニューラルネットワーク

　画像の左上から、1つ目の変数・2つ目の変数…とそれぞれ番号付けをすると、この画像は100個の変数を使って数値化できたと考えられます。

　こちらをもとにニューラルネットを適当に作ってみましょう。変数が100個ということは、前節で学習したように入力層のユニット数は101個（変数 + バイアス）となります。中間層は任意に設定し、最終的には画像が「1」なのか「0」なのかを表す確率を出力する必要があるため、出力層の活性化関数ではシグモイド関数を用いるとよいでしょう。

　そして、いろいろな画像をニューラルネットにかけながら、最も精度が良くなる（損失関数が最も小さくなる）ように、重みを調整することができれば学習終了です。

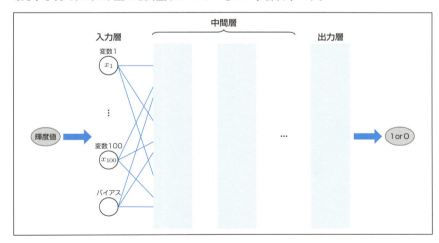

　このような通常のニューラルネットでも、ある程度、画像分類の精度は出るでしょう。しかし、通常のニューラルネットでは、変数同士の空間的な情報を利用することができません。

　変数が100個ありますが、たとえば、次のように位置関係は一切考慮せず、それぞれ独立した変数として扱っています。

- 変数16は、変数15と変数17に挟まれている
- 変数16の下には、変数26がある
- 変数16の左下には、変数25がある

SECTION-019 ■ 畳み込みニューラルネットワーク

次のように、何も考えずにただ一列に並べた状態で、入力として受け取っています。

（変数1,変数2,...変数15,変数16,...変数100）

画像のように、変数の位置が重要な意味を持つ場合、その空間的な情報はそのまま利用した方が精度は上がりそうです。この考えをもとに、次項以降で紹介する畳み込み層・プーリング層を使った手法が畳み込みニューラルネットです。

畳み込み層

畳み込み層では、たとえば犬の画像をもとに、耳の形、足、目、鼻といった個々のパーツの特徴を学習することができます。

畳み込み層では、**フィルタ**と呼ばれる小さな特徴抽出器を通して、画像のどこに特徴が存在するか表す**特徴マップ**を出力します。

具体例を交えて、どのような処理を行っているのか、説明します。たとえば、次のように縦横3個の輝度値情報を持つ画像があるとしましょう。

1	2	3
4	5	6
7	8	9

前項では、この画像を次のように通常のニューラルネットで学習させると、空間的な情報を保持できずに非効率だということを学びました。

SECTION-019 畳み込みニューラルネットワーク

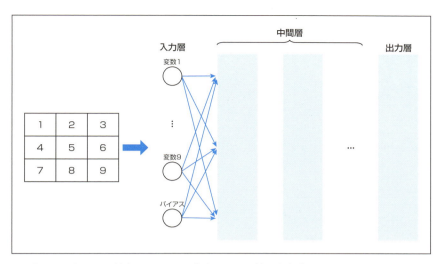

できれば、空間的な情報、つまり上下左右がどんな値かを考慮したいです。

それを踏まえて畳み込み層では、次のように、画像を各領域に分け、それぞれを1つのセットにして演算を行います。

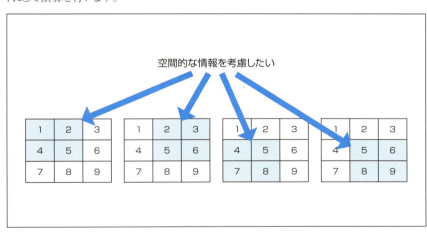

SECTION-019 ■ 畳み込みニューラルネットワーク

2×2のサイズのフィルタを用意し、各領域（網掛け部分）と積和を順にとります。下記では、(1, 2, 3, 4)を成分にとるフィルタを用意しています。

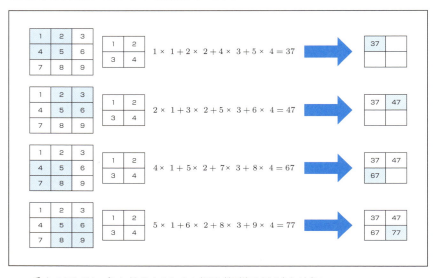

一番上の図では、左上部分から2×2の領域（網掛け部分）を対象に、$1 \times 1 + 2 \times 2 + 4 \times 3 + 5 \times 4 = 37$ という計算が行われています。その下の図では、右に1個スライドさせて、同様に、$2 \times 1 + 3 \times 2 + 5 \times 3 + 6 \times 4 = 47$ と計算を行います。

このように、畳み込み層では、画像の左上から右下までフィルタをスライドさせながら順番に計算していく処理が行われます。

どのようなフィルタを用いるかで、どのような結果が得られるかは当然変わってきます。通常のニューラルネットワーク同様に、学習時は、損失関数を最も小さくするようなフィルタの値を求めていきます。

さて、これまでグレースケール画像という、各ピクセルが持つ情報は1つのみ（輝度値のみ）、という場合を例にしてきました。これに対し、通常のカラー画像は、各ピクセルはRGBという3つの情報持っています。なお、このような各ピクセルが持つ情報の数を、チャンネルと呼びます。

チャンネルが複数の場合に畳み込み際は、チャンネルの数だけフィルタの数も増やします。たとえばRGB画像の場合は、チャンネルが3なので、フィルタもそれに合わせて3つ用意してあげます。

■ SECTION-019 ■ 畳み込みニューラルネットワーク

畳み込み演算は先ほど説明した通りですが、チャンネルごとに通すフィルタが違う点には注意してください。上記例では、それぞれのチャンネルと対応するフィルタで演算を行い、それぞれの演算結果を足し合わせたものを出力します。よって、チャンネル数1の特徴マップが出力されます。

なお、チャンネルと同数のフィルタを合わせて、1セットとカウントするので注意してください。今回の例では、フィルタ3つ合わせて1セットです。

上記の例では、入力画像は3チャンネル（RGB画像なので）に対して、出力された特徴マップは1チャンネルでした。フィルタのセット数を増やすことで、特徴マップのチャンネル数も増やすことができます。

たとえば、下図のように、2×2×3のフィルタを2セット用意した場合、出力される特徴マップのチャンネル数は2となります。フィルタのセット数と、特徴マップのチャンネル数は一緒になります。

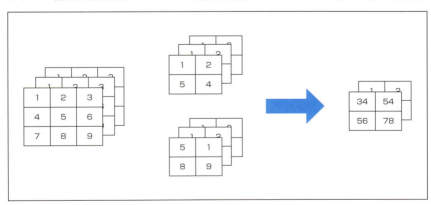

245

■ SECTION-019 ■ 畳み込みニューラルネットワーク

▶ ストライドとパディング

　ここで、畳込みに関する用語として、ストライドとパディングを説明しておきます。ストライドは、どれくらいの幅でスライドさせてフィルタ演算させるかを意味します。

　これまでは、ストライドが1の例を扱ってきました。

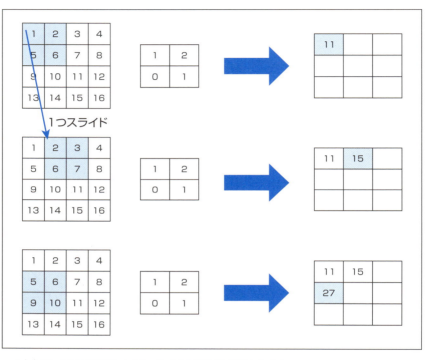

たとえば、ストライドを2とすると、次のように計算が行われます。

■ SECTION-019 ■ 畳み込みニューラルネットワーク

出力させる特徴マップのサイズが、ストライドによって変化することを確認してください。

ストライドによらず、畳み込みを行うと入力よりも出力の方がサイズは小さくなります。一度の畳み込み層だけであれば問題ないですが、畳み込み層を重ねていくと、いずれ出力サイズが1になり計算ができないという問題が起きてしまいます。

この問題を解決するのが、パディングです。簡単にいうと、もとの入力画像のサイズを事前に大きくさせておくことで、出力サイズを同じにしてあげる処理です。

たとえば、4×4の入力に3×3のフィルタを通すと、出力される特徴マップは2×2のサイズになります。

■ SECTION-019 ■ 畳み込みニューラルネットワーク

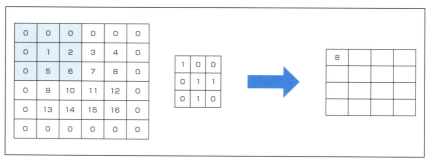

そこで、事前に入力データの周りの各ピクセルに、0で与え、6×6のサイズにしてあげます。0で埋めるため、ゼロパディングと呼びます。

6×6のインプットにストライド1、3×3のフィルタを通してあげると、出力される特徴マップのサイズがインプットサイズと同じ4×4になることががわかると思います。

パディングのサイズは2、3と変えることもでき、フィルタのサイズに応じて調整されます。このあたりの実装はkerasを使うと簡単にできるので、後ほどの実践編で詳しく紹介していきます。

プーリング層

本項では、畳み込み層とセットで使われるプーリング層について解説します。

プーリング層は、先程の畳み込み層を通して出力した特徴マップの解像度を、下げるために使用されます。

例を下図に挙げます。左側が畳み込み層によって出力された、特徴マップだとします。そのときに、プーリング層によって演算された結果が右側です。

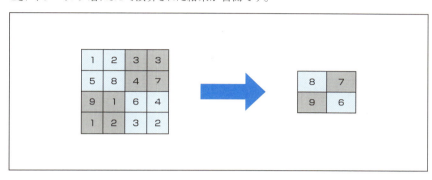

隣接する2×2のピクセルの最大値を出力していることがわかります（左上の2×2ピクセルは、値がそれぞれ1,2,5,8なので、この中の最大値である8を出力）。

このように、各領域の最大値を出力するものを、**Maxプーリング**と呼びます。なお、プーリングには、Maxプーリングの他にAverageプーリングと呼ばれる、領域の平均値を出力するものもあります。

領域を集約することによって、**位置のズレに対して頑健**な結果を返すことができます。また、画像の空間サイズを小さくすることで、学習するパラメータの数を減らすことができます。畳み込み層を使う場合は、このプーリング層もセットで使われることが多いので覚えておきましょう。

次項の実践編を通して、全体としてどういったネットワーク構造になるのか見ていきましょう。

実践編1（mnistデータ）

本項では、230ページでも扱ったmnistデータを使って、畳み込みニューラルネットを実践してみます。

早速ですが、Google Colaboratory 起動してください。その際に、ランタイムにGPUを指定することを忘れないようにしましょう。

まずは、必要なライブラリを読み込みます。

```
from keras.layers import Conv2D, MaxPool2D, Flatten, Dense
from keras.models import Sequential

from keras.utils import to_categorical
import matplotlib.pyplot as plt

from keras.datasets import import mnist
```

kerasから処理に必要なライブラリ、可視化用ライブラリとしてmatplotlibをインポートしています。

画像を読み込む際に、230ページでは、各画像の特徴量を1次元化していました。畳み込みニューラルネットの場合、各特徴がどの位置のあるか、チャンネルはどうなっているかが重要なので、その情報を残してあげます。

もとの画像が28×28で、グレースケール画像（チャンネル数1）なので、28×28×1に各画像データを変換します。

```
(X_train, y_train), (X_test, y_test) = mnist.load_data()

# 画像をreshape
X_train = X_train.reshape((60000, 28, 28, 1))
X_test = X_test.reshape((10000, 28, 28, 1))

# 輝度値を0 ~ 1に入るように正規化
X_train = X_train.astype('float32')/255
X_test = X_test.astype('float32')/255

# one hot encoding
y_train = to_categorical(y_train)
y_test = to_categorical(y_test)
```

▶学習と評価

サンプルとして、次の構成で学習と予測を行ってみましょう。

```
model = Sequential()

# 畳み込み層
model.add(Conv2D(32, (3, 3), activation='relu', input_shape=(28, 28, 1)))
```

SECTION-019 ■ 畳み込みニューラルネットワーク

```
# プーリング層
model.add(MaxPool2D(2, 2))

model.add(Flatten())
model.add(Dense(32, activation='relu'))
model.add(Dense(10, activation='softmax'))

model.summary()
```

◉ 実行結果

```
_____
Layer (type)                 Output Shape              Param #
=================================================================
conv2d_4 (Conv2D)            (None, 26, 26, 32)        320
_____
max_pooling2d_4 (MaxPooling2 (None, 13, 13, 32)        0
_____
flatten_4 (Flatten)          (None, 5408)              0
_____
dense_7 (Dense)              (None, 32)                173088
_____
dense_8 (Dense)              (None, 10)                330
=================================================================
Total params: 173,738
Trainable params: 173,738
Non-trainable params: 0
_____
```

　最初に畳み込み層・プーリング層を通したあと、特徴量を1次元化しています。そのあとは通常のニューラルネットワークと同様に層を重ね、最終的に活性化関数にsoftmaxを使っています。

　`Conv2D(32, (3, 3))`の部分は、32種類の、3×3のフィルターを使って畳み込みを行うという意味です。32種類のフィルターを使うため、演算後はチャンネルが32になっています。

　また、続く`MaxPool2D(2, 2)`の部分は、2×2のピクセルごとにプーリングを行うという意味です。

　`summary()`の結果を見ると、28×28×1の画像がinputされたあと、3×3のフィルターを32個通すのでチャンネルは32、サイズは26×26と少し小さくなっています。また、プーリング層の出力サイズは、2×2ピクセルずつMaxプーリングを行ったため、半分の13×13になっています。

　構成がわかったところで、学習と評価を行ってみましょう。

SECTION-019 ■ 畳み込みニューラルネットワーク

```
model.compile(optimizer='Adam', loss='categorical_crossentropy', metrics=['accuracy'])
model.fit(X_train, y_train, epochs=5, batch_size=64)

model.evaluate(X_test, y_test)
```

●実行結果

```
[0.049385391143290325, 0.9833]
```

　畳み込みを1回だけするネットワークという単純なモデルでしたが、テストデータに対する正解率は98.3％ほどもあります。通常のニューラルネットワークよりも精度が改善されました。

　なお、せっかくいい精度が出たので、こちらのモデルは保存しておきたいです。モデルの保存や読み込みは、次のように行うことができます。

```
from keras.models import load_model

# modelの保存
model.save('model.h5')

# modelの読み込み
model = load_model('model.h5')
```

実践編2（お寺と神社のデータ）

　本項では、235ページでも扱った、お寺と神社の画像データを使って、畳み込みニューラルネットを実践してみます。

　Google Colaboratory起動し、ランタイムにGPUを指定してください。

　なお、235ページと、**X**、**Y**という変数を作成するところまでは同様なので、解説は省略します。

　250ページと同様に、縦ピクセル数×横ピクセル数×チャンネル数　で画像をreshapeする点に注意してください。mnistデータはグレースケールでチャンネル数が1でしたが、今回はRGBで3つのチャンネルがあります。

```
X_train, X_test, y_train, y_test = train_test_split(X, Y, test_size=0.25)
# 画像をreshape
X_train = X_train.reshape(-1, image_size, image_size, 3)
X_test = X_test.reshape(-1, image_size, image_size, 3)

# 輝度値を0 ~ 1に入るように正規化
X_train = X_train.astype('float32')/255
X_test = X_test.astype('float32')/255

# one hot encoding
y_train = to_categorical(y_train)
y_test = to_categorical(y_test)
```

SECTION-019 ■ 畳み込みニューラルネットワーク

```
X_train, X_test, y_train, y_test = train_test_split(X, Y, test_size=0.25)
# 画像をreshape
X_train = X_train.reshape(-1, image_size, image_size, 3)
X_test = X_test.reshape(-1, image_size, image_size, 3)

# 輝度値を0 ~ 1に入るように正規化
X_train = X_train.astype('float32')/255
X_test = X_test.astype('float32')/255

# one hot encoding
y_train = to_categorical(y_train)
y_test = to_categorical(y_test)
```

次のような構成で、畳み込みニューラルネットワークを作って学習させてみます。畳み込み層とプーリング層を交互に3回繰り返しています。

```
model_cnn = Sequential()
model_cnn.add(Conv2D(32, (3,3), activation='relu', input_shape=(image_size, image_size, 3)))
model_cnn.add(MaxPool2D(2,2))
model_cnn.add(Conv2D(64, (3,3), activation='relu'))
model_cnn.add(MaxPool2D(2,2))
model_cnn.add(Conv2D(128, (3,3), activation='relu'))
model_cnn.add(MaxPool2D(2,2))
model_cnn.add(Flatten())
model_cnn.add(Dense(512, activation='relu'))
model_cnn.add(Dense(2, activation='softmax'))
```

続いて、学習と評価を行います。

```
model_cnn.compile(optimizer='Adam', loss='categorical_crossentropy', metrics=['accuracy'])

model_cnn.fit(X_train, y_train, epochs=10, batch_size=20)

model_cnn.evaluate(X_test, y_test)
```

● 実行結果

```
[0.43331473949530447, 0.826241135174501]
```

通常のニューラルネットワークでは78%程度の正答率でしたが、83%程度まで改善されました。

Google Custom Search APIで別の画像を取得して分類してみるとどうなるか、画像の枚数を増やすとどうなるか、ネットワーク構成を変えるとどうなるか、など、ぜひ実践してみましょう。

■ SECTION-019 ■ 畳み込みニューラルネットワーク

おわりに

本章では、下記の内容について理論を学びました。

- ニューラルネットワーク
- 畳み込みニューラルネットワーク

ここで学んだ理論は基礎の基礎なので、興味が湧いた方は巻末で紹介している参考図書を読んでみてください。

また、keras付属のサンプルデータ、そしてGoogle Custom Search APIを使って画像を取得し、実践を行いました。Googleが提供するAPIは他にも魅力的なものが多いので、余裕があれば別のAPIからデータを取得し、解析を行ってみましょう。

CHAPTER 08
その他の手法

　本章では、これまでの章にて登場しませんでしたが、紹介しておきたいその他の手法について解説します。
　256ページでは、word2vecという手法について、269ページでは、協調フィルタリングという手法について学びます。

SECTION-020

word2vec

CHAPTER 07では、ニューラルネットワークについて解説しました。word2vecは、ニューラルネットワークの重み学習を上手に利用しながら、単語の意味をベクトル表現化する手法です。

word2vecとは

word2vecは、大量のテキストデータを解析し、各単語の意味をベクトル表現化する手法です。

単語をベクトル化することで、次のようなことが可能になります。
- 単語同士の意味の近さを計算する
- 単語同士の意味を足したり引いたりする

たとえば、word2vecにより『群馬』『茨城』『温泉』『海』という言葉を次のようにベクトル化できたりします。
- 群馬：$(0.6, 0.3)$
- 茨城：$(0.7, 0.5)$
- 温泉：$(-0.1, 0.0)$
- 海：$(0, 0.1)$

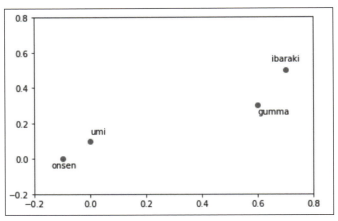

このベクトル表現から、次のような考察・計算ができます。
- 『群馬』、『茨城』の距離を計算すると、結構近いところにありそうだ。なので2つの意味は近いのでは？
- 『群馬』−『温泉』+『海』≒『茨城』になる？

単語ベクトルを作るために必要なフェイクタスク

　単語ベクトルがあるといろいろ楽しい分析ができることがわかったところで、実際のword2vecの仕組みを説明していきましょう。
　word2vecには大きく分けて次の2つの手法があります。

- CBOW
- Skip-Gram Model

　Skip-Gram Modelの方がわかりやすいので、今回はこちらを使ったword2vecを解説していきます。
　単語ベクトルを直接求めることは大変なので、word2vecでは、**ある偽のタスク**を解くことを考え、その過程で間接的に計算していきます。
　この辺りがword2vecの捉えにくいポイントでしょう。「間接的に求める、ってなに?」と思われるかもしれませんが、その疑問を心の片隅に置いたまま、読み進めてください。
　意味が近い(≒単語ベクトルの距離が近い)言葉は周辺語も似ているはずです。
　次のような2つの文があったとしましょう。

- 「私は北関東の群馬県に住んでいます。」
- 「茨城県は、北関東に位置し、太平洋に面しています。」

　次の2つの言葉はどちらも「北関東」という単語から近いところに配置されています。

- 群馬県
- 茨城県

　ということは、この2つの単語は比較的近い属性なのではないか?と予想できます。
　他にもたとえば、「Python」や「R」という単語の近くには「データ」という単語がよく現れます。逆にいえば、「データ」という単語が周辺によく現れる「Python」と「R」は似ている意味なのでは?と考えられそうです。
　「各単語はその周辺語と何らかの関係性がある」という考えを元に、「**ある単語を与えたときにその周辺語を予測する**」こんなタスクも解けそうです。
　これが前述した**ある偽のタスク**の正体です。
　ということで、次項でこの問題を実際に解くようにニューラルネットを構成してみましょう。

■ 入力層・中間層・出力層のみのニューラルネットワーク

word2vecのSkip-Gram Modelでは、入力された単語を元に周辺語を出力する、入力層・中間層1つ・出力層のみのシンプルなニューラルネットを考えます。

下図のようなイメージです。

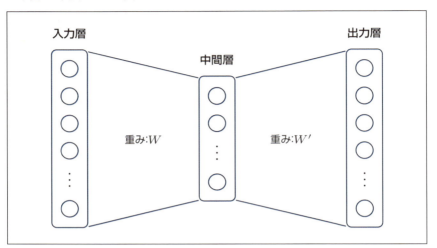

とてもシンプルな構造です。ある単語を入力データに、そしてその周辺語が出力されるとして、重みを学習していきます。

ここで、「どこまでを周辺語とするか？」という観点も重要です。周辺5単語（前後合わせて10単語）というのが一般的なようですが、適宜、調整しつつ分析を進めましょう。

たとえば、周辺5単語を周辺語として、次の文から、入力語と周辺語のセットを取り出してみましょう（日本語よりも英語の方がわかりやすいので英語で説明します）。

```
I usually go to the company near Sangenjaya station on the Denentoshi line.
```

- Iが入力語の場合：(I, usually)、(I, go)、(I, to)、(I, the)、(I, company)の5個
- usuallyが入力語の場合：(usually, I)、(usually, go)、(usually, to)、(usually, the)、
  (usually, company)、(usually, near)の6個
- goが入力語の場合：(go, I)、(go, usually)、(go, to)、(go, the)、(go, company)、
  (go, near)、(go, Sangenjaya)の7個
- …
- companyが入力語の場合：(company, I)、(company, usually)、(company, go)、
  (company, to)、(company, the)、(company, near)、
  (company, Sangenjaya)、(company, station)、
  (company, on)、(company, the)の10個
- …

前述のようにそれぞれセットでデータを取り出すことができます。

Iが入力されると、usuallyやgoという単語が予測結果として出力されるようにニューラルネットを学習していくイメージです。

1文だけでこのように多くの入力語と周辺語のセットを取得できることを考えると、大量のテキストデータを読み込むととんでもない量のデータが得られそうです。

■ 入力データと教師データと重み行列

説明を簡単にするため、「I usually go to the company near Sangenjaya station on the Denentoshi line.」のみしか学習するテキストがないとしましょう。単語数を数えると12です。

もちろん実際に学習させる際は、大量のテキストを読み込み、何万〜何百万という単位の単語を用います。

Iやusually、goという単語をそのまま文字列の状態で計算することはできないので、何らかの方法で数値化する必要があります。

全部で12単語なので、次のように変換するとよいでしょう。

- I : (1, 0, 0, 0, 0, 0, 0, 0, 0, 0, 0, 0)
- usually : (0, 1, 0, 0, 0, 0, 0, 0, 0, 0, 0, 0)
- go : (0, 0, 1, 0, 0, 0, 0, 0, 0, 0, 0, 0)
- to : (0, 0, 0, 1, 0, 0, 0, 0, 0, 0, 0, 0)
- …
- line : (0, 0, 0, 0, 0, 0, 0, 0, 0, 0, 0, 1)

このような、1つの要素だけ「1」で残りは「0」のベクトルを、**one-hot**ベクトルといいます。

そのため、入力語と周辺語のセットが、(I, usually)だとすると、下図のようなベクトルをニューラルネットに学習させるということになります。

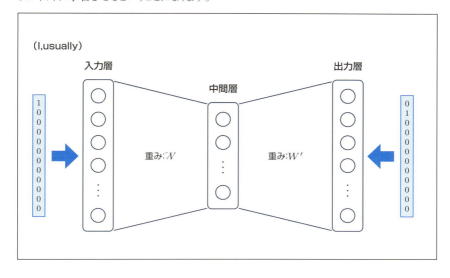

■SECTION-020 ■ word2vec

同様に(I, go)だと次のようになります。

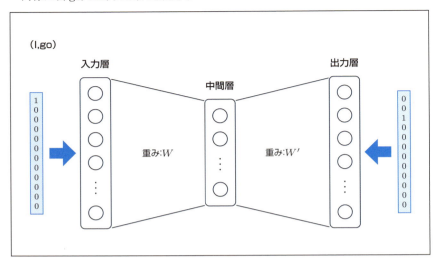

入力層の次元が今回12次元なので、同じく出力層も12次元です。

実際にword2vecを用いる際は、入力層を数万次元・中間層を数百のユニット数にすることが多いようです。よって、入力層から中間層への重み行列は、数万×数百の行数・列数を持つことになります。

ここでは簡単のため、入力層から中間層への重み行列ですが、12 × 3としましょう。すると、中間層から出力層への重み行列は 3 × 12 となります。

まとめると、次のような流れです
- 入力ベクトル(1 × 12)に、入力層から中間層への重み行列(12 × 3)をかけ、得られた 1 × 3 のデータを中間層に入れる。
- 中間層の値に、中間層から出力層への重み行列(3 × 12)をかけ、得られた 1 × 12 のデータを出力層に入れる。

また、これは分類問題なので出力層にはソフトマックス関数をかまして、確率化してあげる必要があります。

分類問題を解くための、とてもシンプルなニューラルネットです。

フェイクタスクの結果と単語ベクトルの関係性

さて、テキストから入力語と周辺語のセットを作り、そのデータを元に「入力された単語から周辺語を予測する学習」を行うことで、
次のように計算されました。

* 入力層から中間層への重み行列：W
* 中間層から出力層への重み行列：W'

たとえば、次のような入力層から中間層への重み行列が、学習の結果で作れたとします。

$$W = \begin{pmatrix} 0.3 & 0.2 & 0.6 \\ 0.5 & 0.1 & 0.8 \\ 0.7 & 0.2 & 0.4 \\ 0.1 & 0.3 & 0.5 \\ 0.2 & 0.4 & 0.1 \\ 0.6 & 0.1 & 0.4 \\ 0.3 & 0.7 & 0.9 \\ 0.1 & 0.4 & 0.4 \\ 0.3 & 0.6 & 0.8 \\ 0.5 & 0.9 & 0.4 \\ 0.8 & 0.2 & 0.7 \\ 0.5 & 0.1 & 0.3 \end{pmatrix}$$

前述したとおり、入力はone-hotベクトルです。

たとえば「usually」（第2成分のみ1で残りは0）という単語が入力された際、中間層の値は次のようになり、重み行列の第2行目がそのまま入ります。

■ SECTION-020 ■ word2vec

$$(0, 1, 0, 0, 0, 0, 0, 0, 0, 0, 0, 0) \begin{pmatrix} 0.3 & 0.2 & 0.6 \\ 0.5 & 0.1 & 0.8 \\ 0.7 & 0.2 & 0.4 \\ 0.1 & 0.3 & 0.5 \\ 0.2 & 0.4 & 0.1 \\ 0.6 & 0.1 & 0.4 \\ 0.3 & 0.7 & 0.9 \\ 0.1 & 0.4 & 0.4 \\ 0.3 & 0.6 & 0.8 \\ 0.5 & 0.9 & 0.4 \\ 0.8 & 0.2 & 0.7 \\ 0.5 & 0.1 & 0.3 \end{pmatrix} = \begin{pmatrix} 0.5 & 0.1 & 0.8 \end{pmatrix}$$

同様に「company」(第6成分のみ1で残りは0)という単語が入力された際、中間層の値は次のようになり、重み行列の第6行目がそのまま入ります。

$$(0,0,0,0,0,1,0,0,0,0,0,0) \begin{pmatrix} 0.3 & 0.2 & 0.6 \\ 0.5 & 0.1 & 0.8 \\ 0.7 & 0.2 & 0.4 \\ 0.1 & 0.3 & 0.5 \\ 0.2 & 0.4 & 0.1 \\ 0.6 & 0.1 & 0.4 \\ 0.3 & 0.7 & 0.9 \\ 0.1 & 0.4 & 0.4 \\ 0.3 & 0.6 & 0.8 \\ 0.5 & 0.9 & 0.4 \\ 0.8 & 0.2 & 0.7 \\ 0.5 & 0.1 & 0.3 \end{pmatrix} = \begin{pmatrix} 0.6 & 0.1 & 0.4 \end{pmatrix}$$

これらの値が中間層に入り、またそこから W' をかけてあげることで出力層の値が決まります。

この辺りが一番大切なので、もう一度まとめます。

「usually」(第2成分のみ1で残りは0)が入力層に入ったとすると、重み行列 W の第2行がそのまま中間層に入る。そして「company」(第6成分のみ1で残りは0)が入力層に入ったとすると、重み行列 W の第6行がそのまま中間層に入る。

こうして計算された中間層の値を元に、出力層が計算される……ということは、次のように結論づけてもまったく強引ではありません。

- 「usually」という単語が持つ特性は、重み行列 W の第2行目の値である
- 「company」という単語が持つ特性は、重み行列 W の第6行目の値である

なぜなら、結局は各単語と対応する行の重みしかその後の計算に使われていないからです。

■ SECTION-020 ■ word2vec

同様に、次のように入力層から中間層への重み行列を元に単語の特性をベクトル化することができました。
- 「I」という単語が持つ特性は、重み行列 W の第1行目の値である
- 「usually」という単語が持つ特性は、重み行列 W の第2行目の値である
- 「go」という単語が持つ特性は、重み行列 W の第3行目の値である
- …
- 「line」という単語が持つ特性は、重み行列 W の第12行目の値である

これまで「入力語から周辺語」を予測するという**偽タスク**をニューラルネットで解いてきましたが、目的はこの**入力層から中間層への重み行列**だったのです。

重み行列の各行のベクトルが、そのまま単語の特徴を表すベクトルになるわけです。

少し説明が長く複雑になってしまったため、最後にもう一度まとめます。次のような流れです。
- 同じような意味の単語からは、同じような周辺語が予測されるはず
- ある単語の周りに出現する単語を予測する学習を、ニューラルネットワークで行う
- 学習の結果、入力層から中間層への重みが計算される
- 入力がont-hotベクトルなので、入力層から中間層への重み行列の各行を、そのまま単語ベクトルと表現してよいだろう

▌実践編

本項では、Twitter APIを用いて、word2vecの実践を行います。

復習ですが、word2vecを使うと、ある単語と似ている別の単語を抽出することができました。そこで、筆者はこの世に生まれて30年近く経ちますが、いまだによくわからない「人生」という言葉をword2vecで分析して、別の言葉で説明する、ということに挑戦してみます。

CHAPTER 04章と同様に、Twitter APIを使うためには、次の4つの情報が必要です。
- Consumer Key
- Consumer Secret
- Access Token
- Access Token Secret

まだ取得していない方は、下記のURLにアクセスし、登録を完了させてください。

URL https://developer.twitter.com/

まずは、ツイート取得に必要なライブラリと、認証情報、そしてツイート整形用の関数を読み込みます。

Google Colaboratoryを起動してください。

```
import json
import requests
```

SECTION-020 word2vec

```python
from requests_oauthlib import OAuth1
import re
from google.colab import files

# 取得したkeyを定義
access_token = 'XXXXXXXX'
access_token_secret = 'XXXXXXXX'
consumer_key = 'XXXXXXXX'
consumer_key_secret = 'XXXXXXXX'

# APIの認証
twitter = OAuth1(consumer_key, consumer_key_secret, access_token, access_token_secret)

def normalize_text(text):
    text = re.sub(r'https?://[\w/:%#\$&\?\(\)~\.=\+\-…]+', "", text)
    text = re.sub('RT', "", text)
    text = re.sub('お気に入り', "", text)
    text = re.sub('まとめ', "", text)
    text = re.sub(r'[!-~]', "", text)
    text = re.sub(r'[:-@]', "", text)
    text = re.sub('\u3000',"", text)
    text = re.sub('\t', "", text)
    text = re.sub('\n', "", text)
    
    text = text.strip()
    return text
```

CHAPTER 04と処理内容は同様なので、説明は省略します。

今回、不特定多数のツイートを大量に取得し、それをword2vecにかけてみます。詳しくは、下記の公式ページを参照してください。

URL https://developer.twitter.com/en/docs/tweets/sample-realtime/api-reference/get-statuses-sample.html

```python
# API取得用のURL
# 日本語のツイートのみ取得
url = "https://stream.twitter.com/1.1/statuses/sample.json?language=ja"

with open('./public_text_twitter tsv','a', encoding='utf-8') as f:
    res = requests.get(url, auth=twitter, stream=True)
    for r in res.iter_lines():
        try:
            r_json = json.loads(r)
            text = r_json['text']
            f.write(normalize_text(text) + '\n')
        except:
            continue
```

■ SECTION-020 ■ word2vec

これは実行を強制的に止めない限り、ツイートデータ取得をし続けます。

ローカル環境で実行している場合は問題ないですが、Google Colaboratory の場合は12時間で一度切れてしまうので、Google Driveをマウントしてファイルを出力しておくか、定期的に実行を止めて次のようにファイルをダウンロードしておきましょう。

```
files.download('public_text_twitter.tsv')
```

今回は、こちらのコードを長時間走らせて、60万行近くのテキストデータを取得しました。

▶ word2vec実践

大量のテキストデータが取得できたので、続いて形態素解析を行います。

Google Colaboratoryで下記を実行して、必要なライブラリをインストールしてください。CHAPTER 04で用いたライブラリと同様です。

```
# mecabインストール
!apt install aptitude
!aptitude install mecab libmecab-dev mecab-ipadic-utf8 git make curl xz-utils file -y

# mecab pythonインストール（pythonでmecabを動かすために必要）
!pip install mecab-python3==0.7

# neologd辞書インストール
!git clone --depth 1 https://github.com/neologd/mecab-ipadic-neologd.git
!echo yes | mecab-ipadic-neologd/bin/install-mecab-ipadic-neologd -n

# 辞書変更
!sed -e "s!/var/lib/mecab/dic/debian!/usr/lib/x86_64-linux-gnu/mecab/dic/mecab-ipadic-neologd!g" /etc/mecabrc > /etc/mecabrc.new
!cp /etc/mecabrc /etc/mecabrc.org
!cp /etc/mecabrc.new /etc/mecabrc
```

ダウンロードできたら、続いて必要なライブラリを読み込みます。

```
import MeCab
import pandas as pd
import unicodedata
from gensim.models import word2vec
```

Mecabは形態素解析を行うためのライブラリ、unicodedataはunicode正規化を行ってくれるライブラリ、そしてword2vec がその名の通りでword2vec用のライブラリです。

次に、先ほどTwitter APIから取得したツイートデータを読み込み、分かち書きを行います。下記を実行すると、`public_text_splited.txt` というファイル名で分かち書きされたデータを保存してくれます。

```
# データ　インポート
df = pd.read_csv('public_text_twitter.tsv', sep='\t', names=['text'])
text_lists = df['text'].unique().tolist()
mt = MeCab.Tagger("-Ochasen")


word_pos = ('名詞', '形容詞')

with open('public_text_splited.txt', 'w', encoding='utf-8') as f:
    for text in text_lists:
        tmp_lists = []
        text = unicodedata.normalize('NFKC', str(text))

        node = mt.parseToNode(text)
        while node:
            if node.feature.startswith(word_pos) and ',非自立,' not in node.feature:
                tmp_lists.append(node.surface)

            node = node.next

        f.write(' '.join(tmp_lists) + '\n')
```

　CHAPTER 04と同様に、名詞と形容詞を抽出し、さらに非自立語を除いています。

　最後に、分かち書きされたファイルを、word2vecの`LineSentence()`関数に読み込みます。今回のように、各行に1つの文章がある場合は、`LineSentence()`を使います。そして、`Word2Vec()`関数で学習を行います。

　なお、`Word2Vec()`関数で指定できる主なパラメータとしては下記があります。

パラメータ	説明
sg	word2vecの種類を選べる。0の場合はCBOW、1の場合はSkip-Gram Modelに対応する
size	生成される単語ベクトルの次元数を指定する
window	入力単語からの最大距離（どこまでを周辺語と見なすか）を指定する
min_coun	単語の出現回数でフィルタリングする

```
sentences = word2vec.LineSentence('public_text_splited.txt')
model = word2vec.Word2Vec(sentences,
                          sg=1,
                          size=200,
                          window=3,
                          min_count=5)
```

　学習完了後、`most_similar()`を使うことで、指定した単語と似ている単語を抽出してくれます。

■ SECTION-020 ■ word2vec

今回は、「人生」という言葉の意味を知りたかったので、下記のように実行してください。

```
model.most_similar(positive='人生', topn=10)
```

◉実行結果

```
[('幸福', 0.8257261514663696),
 ('生き方', 0.8250970244407654),
 ('不幸', 0.8213561773300171),
 ('価値', 0.8198283314704895),
 ('苦労', 0.8138176798820496),
 ('この世', 0.8124530911445618),
 ('一生', 0.8089567422866821),
 ('積み重ね', 0.8056912422180176),
 ('ギャンブル', 0.8051121830940247),
 ('自分自身', 0.8013538122177124),]
```

それらしい結果が出力されました。次のようにさまざまな解釈の仕方があるようです。

- 人生とは幸福
- 人生とは生き方
- 人生とは不幸
- 人生とは積み重ね
- 人生とはギャンブル

無理やり総合して、「人生とは幸福であり不幸でもある。また積み重ねでありギャンブルでもある。」と私は解釈してみました。少しだけ、人生の意味が理解できたかもしれません。

別のキーワードで、`most_similar()` を実行するとどのような結果が出るか、ぜひ確認してみてください。

SECTION-021

協調フィルタリング

　身近に感じる、データ分析により生み出されているサービスの1つに、レコメンドがあります。
　本章では、レコメンド手法についての概要と、その代表的な分析方法である、協調フィルタリングについて解説します。

■ レコメンドとは

　ECサイトでショッピングしている際に、「あなたにおすすめの商品はこちらです」「他の人はこんな商品を買っています」といった表示を見たことのある方は多いのではないでしょうか。
　レコメンドとは、このように何かを推薦することを指しています。何気なく接しているサービスの裏側では、さまざまなデータ分析手法が活用されています。

■ 協調フィルタリング

　本項では、レコメンドの代表的な手法である、**協調フィルタリング**について解説します。
　協調フィルタリングは大きく分けて、2種類あります。

- ユーザーベース型
- アイテムベース型

　ユーザーベース型の協調フィルタリングは、嗜好性の似ているユーザー情報をもとに、レコメンドを行う手法です。
　たとえば、ユーザー1は、商品A、B、Cを購入しており、ユーザー2は商品A、B、C、Dを購入しているとします。このとき、ユーザー1とユーザー2はどちらも商品A、B、Cを購入しているため、嗜好が似ているだろうと推測し、商品Dをユーザー1におすすめとして推薦します。
　アイテムベース型の協調フィルタリングでは、商品間の類似度をもとにユーザーに商品を推薦する手法です。
　たとえば、商品Aと商品Bの類似度が高く、あるユーザーが商品Aだけ買っている場合を考えます。このとき、商品Bは商品Aと似ているから、ユーザーは興味を持ってくれるだろうと推測し、商品Bをおすすめとして推薦します。

ユーザーベース型協調フィルタリング

ユーザーベース型とアイテムベース型では、ユーザーの類似度をもとにするか、アイテムの類似度をもとにするかの違いだけであって、推薦までの流れについてはほとんど同じです。

本項では、ユーザーベース型協調フィルタリングについて、詳しく解説していきます。

ユーザーベース型の協調フィルタリングは、嗜好の似ているユーザー情報をもとに商品レコメンドする手法でした。

ここで、以下2つの疑問が生じます。

- どのように、「嗜好が似ているか」を定量化するのか
- どのアイテムを推薦するべきか

これらについて、順を追って具体例を出しながら解説していきます。

たとえば、5つの商品に対するユーザーごとの評価値が、次のようなテーブルでまとまっているとします。

	商品A	商品B	商品C	商品D	商品E
ユーザー1	3	2	4	2	1
ユーザー2	5	2	1	5	5
ユーザー3	2	1	1	2	2
ユーザー4	3	-	4	2	-

各テーブルの値は、各ユーザーの商品A〜Eに対する評価点です。ユーザー4に関しては、商品Bと商品Eを評価していないということで、「-」をつけています。

ここで、ユーザー4に商品をレコメンドすることを考えてみたいと思います。まずは、嗜好性が似ているユーザーを発見するところからスタートします。表を見ると、ユーザー1とユーザー4は、商品A、C、Dの評価が一致しています。直感的にはユーザー1とユーザー4は嗜好が似ていると考えてよさそうですが、これを定量化していきましょう。

嗜好性が似ているかどうかの評価には、コサイン類似度、ピアソンの相関係数、Jaccard係数などの指標が用いられます。今回は、その中でもよく使われる、コサイン類似度という指標で評価してみます。

コサイン類似度とは、ベクトル同士の近さを測るための1つの基準で、-1 から 1 までの値を取ります。コサイン類似度が 1 のときが2つのベクトルが最も類似しているときで、このとき、2つのベクトルはまったく同じ向きを向いています。コサイン類似度が -1 の場合は、2つのベクトルは真逆を向いています。2つのベクトルが直交しているときはコサイン類似度は 0 になります。

仮に、次のような二次元のデータがあったとします。

SECTION-021 協調フィルタリング

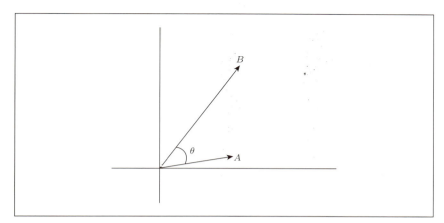

このとき、AとBで挟まれた角度θをもとに、AとBの近さを測るのがコサイン類似度です。θが小さくなると(AとBが重なってくると)コサイン類似度は大きくなり、逆にθが大きくなるとコサイン類似度は小さくなります。

2つのベクトル、AとBがあったとき、コサイン類似度は次の式で求められます。

$$コサイン類似度 = \cos\theta = \frac{ベクトル A とベクトル B の要素同士の積の和}{(ベクトル A の大きさ) * (ベクトル B の大きさ)}$$

仮に $A(a_x, a_y), B(b_x, b_y)$ だとすると、次のように計算されます。

$$コサイン類似度 = \cos\theta = \frac{a_x * b_x + a_y * b_y}{\sqrt{a_x^2 + a_y^2}\sqrt{b_x^2 + b_y^2}}$$

定義からわかりますが、コサイン類似度でベクトルの類似度を測る場合は、ベクトルの大きさのちがいは考えていないことに注意してください。たとえば、2つの二次元ベクトル $(1, 0)$ と $(1000, 0)$ の類似度は1(すなわち最も似ている)となります。

試しに、$A(4, 1), B(5, 6)$ として、コサイン類似度を求めてみます。

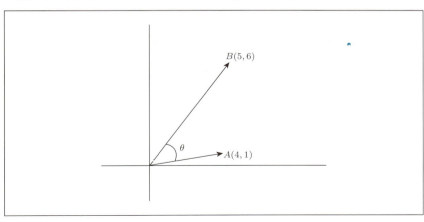

SECTION-021 協調フィルタリング

$$コサイン類似度 = \frac{4*5 + 1*6}{\sqrt{4^2+1^2}\sqrt{5^2+6^2}} \simeq 0.807$$

次に、$A(4,1), C(2,7)$ で、コサイン類似度を求めてみます。

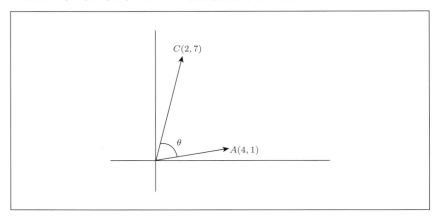

見た目では、AにとってCよりもBの方が近そうですが、実際にコサイン類似度はどの程度、変化するのでしょうか?

$$コサイン類似度 = \frac{4*2 + 1*7}{\sqrt{4^2+1^2}\sqrt{2^2+7^2}} \simeq 0.50$$

AとCよりも、AとBのコサイン類似度の方が値が大きくなり、見た目と一致した結果を得ることができました。

このように、コサイン類似度を用いることで、ベクトル同士の近さを計算することができ、この考えを協調フィルタリングでは応用しています。

実際に、ユーザー1とユーザー4のコサイン類似度を求めてみます。

$$コサイン類似度 = \frac{3 \times 3 + 4 \times 4 + 2 \times 2}{\sqrt{3^2+4^2+2^2}\sqrt{3^2+4^2+2^2}} = 1$$

なお、ユーザー4が評価していない商品は計算に使用していませんが、評価していない欠損値部分は0で埋めて計算する方法もあります。

また、今回はユーザーの評価値をそのまま用いていますが、ユーザーごとに評価値の中心化(ユーザー別に、各アイテムの評価値から評価値の平均値を引くこと)をすることが多いです。これは、たとえば高評価をつけがちなユーザーの2点と、低評価をつけがちなユーザーの2点を同一に扱うことを避けるためです。

各ユーザーとの類似度を計算することができたので、次はその結果をもとに商品を推薦します。

さまざまな推薦方法がありますが、類似度の一番高いユーザーが評価した商品の中で一番評価が高いものを推薦する、という考えが最もシンプルです。今回の例では、ユーザー4にとって最も類似度が高いユーザー1は、商品Bに2点、商品Eに1点をつけているので、商品Bを推薦するということになります。

■ SECTION-021 ■ 協調フィルタリング

　その他には、類似度が高いユーザーを数人とり、各ユーザーの商品への評価を類似度で重み付けした値をもとに推薦する、という考えもあります。

　たとえば、ユーザー4と、ユーザー1・ユーザー2の類似度をもとに、重み付けスコアを出してみます。ユーザー4とユーザー1の類似度は、先ほど計算した通り1です。また、ユーザー4とユーザー2の類似度は、計算すると約0.75という結果が出ました。

　類似度と各評価点をかけ合わせ、重み付けスコアを算出します。商品Bに関しては、次のスコアになります。

$$\frac{2 \times 1 + 2 \times 0.75}{1 + 0.75} = 2$$

商品Eに関しては、次のスコアになります。

$$\frac{1 \times 1 + 5 \times 0.75}{1 + 0.75} \simeq 2.7$$

　重み付けした推薦スコアでは、商品Eのほうが高くなりました。なお、分母に類似度の総和を与えることで、正規化しています。

　このように、推薦スコアの算出方法によって、推薦される商品も変わるため、実際に使用する際にはいろいろと工夫してみてください。

　また、今回の例では、わかりやすく商品への評価値を例にしています。商品ごとの閲覧履歴、購買結果、クリック数などをもとに、協調フィルタリングすることも当然可能です。

協調フィルタリングの欠点

　協調フィルタリングの流れを復習すると、まずユーザー×アイテムの関係を元にユーザー間の類似度を求め、そして推薦スコアを計算します。

　しかし、何も商品を買っていないユーザーは、類似度自体計算することができません。また、新しく発売された商品で、誰も評価していないものは、推薦スコアを計算しても0になり、レコメンドされません。

　このような、データがある程度、揃わないと機能しないことを、コールドスタート問題と呼びます。協調フィルタリングを使う際には、認識しておきましょう。

■ SECTION-021 ■ 協調フィルタリング

実践編

本項では、MovieLensという映画の評価データを利用して、協調フィルタリングを実践してみます。

MovieLensのデータセットの中にもいろいろな種類がありますが、今回は100KMovieLensを使用します。このデータは、943ユーザーの1664作品に対する評価データ（5段階評価）で構成されており、合計10万のレーティングを含んでいます。

なお、これらのデータセットは、下記サイトからダウンロードすることができます。

URL https://grouplens.org/datasets/movielens/100k/

今回は、zipファイル内の **u.data** というファイルを用います。

それでは、ローカル上でJupyter Notebook、もしくはクラウド上にてGoogle Colaboratoryを起動してください。Google Colaboratory を使う場合、**u.data** をGoogle Colaboratory上にアップロードしておいてください。

まずは、必要なライブラリを読み込みます。

```
import pandas as pd
import numpy as np

from sklearn.metrics.pairwise import cosine_similarity
```

必要なライブラリがインポートできたら、データを読み込みましょう。

```
cols_name = ['user_id','item_id','rating','timestamp']
data_movie = pd.read_csv('u.data', names=cols_name, sep="\t")
print(data_movie.head())
```

●実行結果

```
   user_id  item_id  rating  timestamp
0      196      242       3  881250949
1      186      302       3  891717742
2       22      377       1  878887116
3      244       51       2  880606923
4      166      346       1  886397596
```

このように、どのユーザー（user_id）がどの映画（item_id）に何点つけたか（rating）が記録されています。

ユーザーベースの協調フィルタリングでは、ユーザー間の類似度を計算する必要があるので、そこを実装していきます。

まずは、270ページで登場した、次のようなユーザー×アイテムの行列形式に変換していきます。

■ SECTION-021 ■ 協調フィルタリング

	映画A	映画B	映画C	映画D	映画E
ユーザー1	3	2	4	2	1
ユーザー2	5	2	1	5	5
ユーザー3	2	1	1	2	2
ユーザー4	3	-	4	2	-

pandasメソッドの `pivot` を使うことで行列に変換できます。`index` と `columns` に行方向・列方向の変数をそれぞれ与え、`values` に表示したい項目を与えます。

```
movie_rating = data_movie.pivot(
    index='user_id', columns='item_id', values='rating').fillna(0).as_matrix()
print(movie_rating[0:5])
print(movie_rating.shape))
```

◉実行結果

```
[[5. 3. 4. ... 0. 0. 0.]
 [4. 0. 0. ... 0. 0. 0.]
 [0. 0. 0. ... 0. 0. 0.]
 [0. 0. 0. ... 0. 0. 0.]
 [4. 3. 0. ... 0. 0. 0.]]
(943, 1682)
```

変換すると、943×1692の行列になりました。評価がされてない映画に関しては、0で穴埋めをしてます。

続いて、ユーザーごとのコサイン類似度を計算していきます。scikit-learnには、専用の `cosine_similarity()` 関数があるので、こちらを使います。

```
cos_sim = cosine_similarity(movie_rating, movie_rating)
print(cos_sim[:5])
print(cos_sim.shape))
```

◉実行結果

```
[[1.         0.16693098 0.04745954 ... 0.14861694 0.17950788 0.39817474]
 [0.16693098 1.         0.11059132 ... 0.16148478 0.17226781 0.10579788]
 [0.04745954 0.11059132 1.         ... 0.10124256 0.13341615 0.02655587]
 [0.06435782 0.17812119 0.34415072 ... 0.15204088 0.17008611 0.05875214]
 [0.37847518 0.07297896 0.02124453 ... 0.13959513 0.15249741 0.31394084]]
(943, 943)
```

前述の計算結果の行列の形を見ると、943×943の形になっており、各ユーザーごとの類似度が表現されています。たとえば、ユーザー1とユーザー2の類似度は、1行目2列目に入っており、その値は0.16693098です。

また、1行目1列目の値は1ですが、これはユーザー1とユーザー1の類似度の値なので、当然1となります。同様に、2行目2列目、3行目3列目、…の値はすべて1が入ります。

■ SECTION-021 ■ 協調フィルタリング

　それでは、類似度の高いユーザーの評価値を用いて、映画をレコメンドしてみます。今回は、ユーザー1と類似している上位10人のユーザー情報をもとに、ユーザー1へレコメンドを行います。

　まず、類似度の高い上位10人の映画への評価を、類似度をもとに重みをつけて計算し直します。そして、重みづけられた評価値をもとに、何をレコメンドするべきか決定します。

```
# ユーザー1との類似度
cos_sim_for_user_1 = cos_sim[0]
# ユーザー1と類似度の高いユーザー10人のインデックスを抽出
similar_user = np.argsort(cos_sim_for_user_1)[-11:-1]
print(similar_user)
```

◉実行結果

```
[275 302 428 737 456 434  91 267 863 915]
```

　ユーザー1と類似度の高いユーザーが取得できました。どの程度、類似しているのか、出力してみます。

```
# 類似度一覧
print(cos_sim_for_user_1[similar_user]))
```

◉実行結果

```
[0.52452252 0.52571773 0.52594993 0.52703107 0.53847598 0.53866453
 0.54053356 0.54207705 0.54754826 0.56906573]
```

　次に、類似度の高いユーザーの映画評価値のみ取得します。

```
# 類似度の高いユーザーの映画評価値
movie_rating_of_similar_user = movie_rating[similar_user]
print(movie_rating_of_similar_user)
```

◉実行結果

```
[[5. 4. 3. ... 0. 0. 0.]
 [5. 3. 3. ... 0. 0. 0.]
 [3. 3. 2. ... 0. 0. 0.]
 ...
 [3. 2. 1. ... 0. 0. 0.]
 [5. 4. 0. ... 0. 0. 0.]
 [4. 3. 3. ... 0. 0. 3.]]
```

　これらの評価値を、類似度で重みづけしてあげます。

```
# 重みづけされた評価値を計算
weighted_movie_rating = movie_rating_of_similar_user * \
    cos_sim_for_user_1[similar_user].reshape(-1, 1)
print(weighted_movie_rating)
```

● 実行結果

```
[[2.62261261 2.09809009 1.57356757 ... 0.         0.         0.        ]
 [2.62858867 1.5771532  1.5771532  ... 0.         0.         0.        ]
 [1.57784978 1.57784978 1.05189985 ... 0.         0.         0.        ]
 ...
 [1.62623114 1.0841541  0.54207705 ... 0.         0.         0.        ]
 [2.73774131 2.19019305 0.         ... 0.         0.         0.        ]
 [2.27626293 1.70719719 1.70719719 ... 0.         0.         1.70719719]]
```

続いて、この映画評価値を、映画ごとに平均化します。この平均化された値が、各映画をどの程度レコメンドするべきかの指標となります。

```
# 各映画のレコメンド値を計算
mean_weighted_movie_rating = weighted_movie_rating.mean(axis=0)
print(mean_weighted_movie_rating)
```

● 実行結果

```
[2.31138026 1.55919894 0.80678885 ... 0.         0.         0.17071972]
```

これで各映画のレコメンド値を求めることができたので、最後に、ユーザー1がまだ評価していない映画の中でスコアの高いものを抽出します。

```
# ユーザー1の評価と加重平均スコアを列とするデータフレーム作成
recommend_values = pd.DataFrame({'user_1_score':movie_rating[0], 'recommend_value':mean_weighted_movie_rating})

# 未評価のうちスコアの高い上位10件を抽出
recommend_values[recommend_values['user_1_score'] == 0].sort_values('recommend_value', ascending=False).head(10)
```

● 実行結果

	user_1_score	recommend_value
317	0.0	2.199688
473	0.0	2.100667
654	0.0	1.988316
422	0.0	1.985781
402	0.0	1.978832
356	0.0	1.974216
432	0.0	1.938533
384	0.0	1.875676
567	0.0	1.830542
469	0.0	1.770764

ということで、ユーザー1に対しては、映画IDが317、473、654あたりの映画を推薦するべきという結果になりました。

未評価の扱いなど改善すべきところはありますが、簡単にレコメンドシステムを実装することができました。今回ユーザーベース型の協調フィルタリングを使いましたが、アイテムベース型の実装にもぜひ、挑戦してみてください。

おわりに

本章では、下記の内容について理論を学びました。
- word2vec
- 協調フィルタリング

また、Tweetデータ、そしてMovieLensのデータを使ってそれぞれ実践を行いました。

word2vecについては、データの取得方法を変えたりパラメータ(周辺語とみなす幅やベクトルの次元)を変えたりしながら結果がどう変化するか確認してみましょう。協調フィルタリングについては、ユーザーベースではなくアイテムベースのレコメンドも実践してみましょう。

APPENDIX
本編で省略した事項について

APPENDIXでは、CHAPTER 01～08までで、説明を簡単にするために スキップした事項について、改めて解説を行っています。

SECTION-022

最小二乗法

説明を簡単にするため、2次元の例で説明をします。

下図は、横軸x、縦軸yとして、プロットされたデータに対して、適当に当てはまりそうな直線を引いたものです。

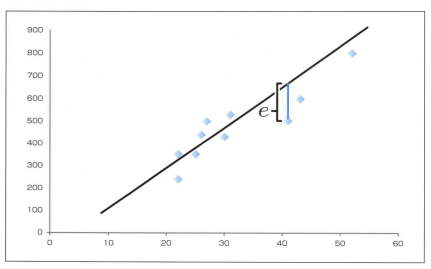

一番右の点と直線との間には誤差があります。この差分(実際の値から直線上の値を引いた値)を e_1 としましょう。この差分を残差と呼ぶのですが、残差はデータの数だけそれぞれあります。仮に100個のデータがあるとすると、$e_1, e_2, e_3, ... e_{100}$ と存在します。

各点における残差の二乗和を最小とするパラメータを求める手法が最小二乗法です。

直線の傾き、切片のパラメータを (a, b) とすると、i番目のデータについての残差は、次の式で表せます。

$$e_i = Y_i - aX_i - b$$

そして残差の二乗和は、次の式で表せます。

$$\sum_{i=0}^{n} e_i{}^2 = \sum_{i=0}^{n}(Y_i - aX_i - b)^2 \tag{1.1}$$

x_i の平均を $\overline{x}$、y_i の平均を $\overline{y}$ とすると、次のように求めることができます。

$$a = \frac{\sum_{i=0}^{n}(y_i - \overline{y})x_i}{\sum_{i=0}^{n}(x_i - \overline{x})x_i}$$

$$b = \frac{\sum_{i=0}^{n}(y_i - \overline{y})(x_i - \overline{x})}{\sum_{i=0}^{n}(x_i - \overline{x})^2}$$

最も残差が小さくなるパラメータを探索的に探す必要はなく、上記の計算式に代入してあげるだけで、求めることができます。

SECTION-023

シグモイド関数

　本節では、CHAPTER 04で登場したシグモイド関数がどうして導き出されたのか、について説明します。

　分類問題を回帰の問題として捉えるために、勉強時間が x 時間のときに合格する確率 q を予測する問題を考えてみます。この設定では q は確率なので連続的な値を取りますが、まだ $0 \leq q \leq 1$ という制限があります。

　一方、線形回帰で得られる直線にはこのような制限はないので、確率 q を直接の目的変数にするのではなく、まず q から計算できる次のオッズ比を考えます。

$$\frac{q}{1-q}$$

これは式の通り、「合格する確率が、不合格の確率の何倍か」を表す量です。オッズ比は q が 0 から 1 までの値を動くとき、0 以上のすべての値を動きます。これでかなり制限が外れましたが、まだ負の値を取ることはできません。

そこで、さらに次のオッズ比の対数を考えます。

$$\ln \frac{q}{1-q}$$

　すると、q が 0 から 1 の値を動くとき、この値はすべての実数を動きます。

　さらに、この対応は一対一の完全な対応になっています（オッズ比の対数がある値 α になるような確率 q の値はただ1つしかなく、どんな実数 α に対しても、α をオッズ比の対数とする確率 q が存在するということ。数学的には関数 $q \mapsto \ln \frac{q}{1-q}$ が全単射になっていることを意味します）ので、確率 q をオッズ比の対数 $\ln \frac{q}{1-q}$ に変換することで情報が失われていることも余分な情報が加えられていることもありません。

　そこで、オッズ比の対数をよく近似する回帰直線を求めることにすれば、分類問題が回帰問題として扱えます。

　これを踏まえて次のようにおきます。

$$\ln \frac{q}{1-q} = ax + b$$

これを q について整理すると、次のようになりますが、この右辺がシグモイド関数にほかなりません。

$$q = \frac{1}{1+e^{-(ax+b)}}$$

SECTION-024

ロジスティック回帰の損失関数

124ページでは、ロジスティック回帰は尤度関数を最大化するようにパラメータを求める、と説明しました。

しかし、別書籍などにて、ロジスティック回帰は次の損失関数 J を最小化するようにパラメータを求める、と勉強した方がいるかもしれません。

$$J = -\sum_{i=1}^{n} \left(y_i \ln \sigma(x_i) + (1 - y_i) \ln(1 - \sigma(x_i)) \right)$$

実は、「尤度関数を最大化する」とは「損失関数 J を最小化する」と同じことを意味しています。

$q = \sigma(x)$ とすると、124ページで採用している確率モデルは、X を学習時間、Y を合否を表す確率変数として、次のようになります。

$$\mathrm{Prob}(Y = y | X = x) = q^y (1-q)^y = \sigma(x)^y (1 - \sigma(x))^{1-y}$$

そして、尤度関数は次のとおりです。

$$\prod_{i=1}^{n} \sigma(x)^y (1 - \sigma(x))^{1-y}$$

この関数に、負の対数を取れば、損失関数 J が得られることがわかります。「尤度関数を最大化する」=「尤度関数に負の対数をとった関数を最小化する」、つまり「損失関数 J を最小化する」ということになります。

EPILOGUE

　データ分析に関する勉強をし始めた当初、理論の入門書を読んでもなかなか理解ができず、実装の入門書や技術ブログに掲載されたサンプルコードを動かしてみてもまったく習得できた気がしない、そんな悩みを持っていました。苦労をしながら、遠回りをしながら、なんとか理論と実装の入門書をそれぞれ読み終え、学んだ事柄を業務の中で活かせるようになりました。

　少しずつ、理解が深くなりつれ、
- 「入門書に書かれていたこの内容、こういう風に解説してくれたらすんなり理解できたのにな」
- 「理論と実践をバランスよく解説してくれている入門書があったら、もっと早く業務に活かせてたのにな」
- 「この実装コード、どの本でも同じデータ使って同じ結果になっていて面白くないから、オリジナルのデータで試せればより興味を持って勉強を進められたのにな」

そんな思いを持つようになりました。

　そして、過去の私のような初学書を手助けするために、そんな願望を満たしてくれる入門書をいつか私自身が書けないだろうか、と考えました。

　今回、C&R研究所から声をかけていただき、そんな妄想をなんとか形にすることができました。担当編集者の吉成様、誠にありがとうございます。

　また、本書を書くにあたり、多くの方にご協力いただきました。実践編をレビューをしていただいた石原祥太郎(@upura0)様、伊藤貴史様、理論編をレビューをしていただいた臼井耕太(@Drums80992223)様、誠にありがとうございます。

　そして最後に、本書を最後まで読んでくださった読者の皆様に、最大の感謝を述べさせていただきます。

　常に、過去の私に読み聞かせるように執筆することを、心がけました。完成した本を彼に渡すことができたなら、どんな反応をしてくれるでしょうか。反応を見るのは楽しみでもあり、少し怖くもあります。きっと、「こんな本が欲しかった」と喜んでくれるはずです。

INDEX

記号

:	36
!	20
'	26
"	26
()	27
[]	26
{}	28

英字

accuracy_score	54, 129, 136
Anaconda	13
annotate()	184
append	27
arange()	38
as	35
astype()	92
AUC	208, 214
barh()	161
boxplot()	49
CBOW	257
compile()	233
conda	34
Convolutional neural network	240
corr()	49
CSV	44, 79, 82
DataFrame	40
def	30
del	27
describe()	42
distplot()	46
dropna()	43
e-Stat	178
evaluate()	234
fillna()	43
fit()	54, 74, 113, 134, 233
fit_transform()	176
for	30
get_dummies()	89
Google Colaboratory	13, 16
Google Custom Search API	235
Google Drive	22
GPU	17, 21
head()	71
heatmap()	49
Homebrew	14
if	29
info()	42
irisデータ	51
isnull()	86
items()	29
jointplot	47, 72
JSON	79
Jupyter Notebook	14
keys	29
K平均法	187
L1正則化	107
L2正則化	107
Lasso()	112
LinearRegression()	74
lineplot()	48
LineSentence()	267
MAE	77, 99
matplotlib	45
Maxプーリング	249
mean()	43
mnist	230
most_similar()	267
NaN	86
numpy	35
one-hotベクトル	259
pairplot	50, 73
Pandas	39
pandas.io.json.json_normalize()	81
pip	20, 34
plot()	48
plt.hist()	46, 92
plt.scatter()	192
predict()	54, 76, 136
pyenv	14
Python	12, 24
range()	30
read_csv()	44
ReLU	222
remove	27
reshape()	38
Ridge()	114
RMSE	200
ROC曲線	208, 210
scatter()	47
scikit-learn	51, 54
seaborn	45
Sequential()	233
Series	39
shape	36
Skip-Gram Model	257
sort_values()	43
sum()	43, 86
tail()	72
to_csv()	44
train_test_split	55, 75, 129, 161
Twitter API	137
type()	25, 35
values	29
while	30
word2vec	256

あ行

エッジ	219
重み	219

INDEX

重み行列 228
折れ線グラフ 48

か行

回帰 200
回帰分析 58
開発環境 13
過学習 100, 105
学習 68
可視化ライブラリ 45
活性化関数 219
関数 30
偽陽性率 209
協調フィルタリング 269
寄与率 174
訓練誤差 105
欠損値 43
決定木 144
考察 55
恒等関数 221
コサイン類似度 270
誤差逆伝播法 226

さ行

最小二乗法 67, 280
最尤法 128
残差二乗和 67
算術演算 24
散布図 49
シグモイド関数 126, 222, 282
辞書 28
重回帰分析 59, 60
従属変数 59
主成分分析 166
出力層 219
条件文 29
情報の量 166
真陽性率 209
スライス 36
正解率 208, 234
正則化 105
正則化項 106
説明変数 59
線形回帰 58, 60
損失 224
損失関数 224, 283

た行

第1主成分 173
第2主成分 173
畳み込み層 240
畳み込みニューラルネットワーク 240
タプル 27
ダミー変数 68

な行

単回帰分析 59
中間層 219
データ 51
データ型 25
データ整形 52
データ分析 51
特徴マップ 242
特徴量 141
独立変数 59

な行

偽タスク 264
ニューラルネットワーク 218
入力層 219

は行

バギング 157
箱ひげ図 49
汎化誤差 105
ヒートマップ 49
比較演算子 25
ヒストグラム 46, 92
被説明変数 59
評価 54
評価指標 200, 208
ファイルの読み込み 22
フィルタ 242
プーリング層 240
不純度 146
分散 166
分析 54
分類 122, 208
棒グラフ 161

ま行

前処理 52
目的変数 59
文字列 26

や行

尤度 128
ユニット 219
予測 76

ら行

ライブラリ 34
ラッソ回帰 105, 106, 112
ランダムフォレスト 158
リスト 26
リスト内包表記 31
リッジ回帰 105, 107, 114
累積寄与率 174
ループ 30
ロジスティック回帰 122, 126, 283